Imperial Japanese Navy, Interceptor "SHIDEN-KAI" N [illegible] Kawan[illegible]aruo 5312

…闘機

# 「紫電改」ディテールフォト

## 川西第5312号機

撮影／マイケル・フレッチャー
解説／吉野泰貴



大日本絵画

# 日本海軍局地戦闘機
# 紫電改
## N1K2-Ja
## 〔川西第5312号〕

日本海軍の局地戦闘機「紫電改」は、水上戦闘機「強風」(N1K1)を陸上戦闘機化した「紫電」(N1K1-J)の胴体を再設計して低翼化し、実用性を高めた、川西航空機の真打ともいえる機体だった。

本書はその「紫電改」のうち、終戦直後にアメリカ本土へと旅立ち、アメリカ合衆国空軍博物館に現存する〔川西第5312号〕の復元作業の際に撮影された細部写真を披露するもの。

機体の表面についてはこれまでにも随分と目にする機会があったが、その内部の機構について、もちろん全てが製造当時、あるいは部隊配備時の姿をとどめているとは言えないながらも、充分に観察することができるものといえよう。

じっくりとご覧いただければ幸いである。

▶2008年にレストアが完成、アメリカ合衆国空軍ライトパターソン空軍基地(Wright-Patterson Air Force Base)内の空軍博物館に鎮座する「紫電改」川西第5312号。「川西～」の表記は銘板にのっとったもので、川西航空機鳴尾製作所で製造された機体ということ(姫路製作所製は「川姫」となる)。また接頭数字の「5」は川西鳴尾製作所を表す。その製造番号から、本機の型式は「紫電二一甲型」〔N1K2-Ja〕と断定できる。オリジナルパーツの使用量はさておき、現在もっとも考証の行き届いた機体と言える。

# 局地戦闘機 紫電改〔川西第5312号〕の来歴

**太平洋戦争末期、ついに戦場となった日本本土上空でデビューした「紫電改」。終戦直後に進駐してきたアメリカ占領軍はその存在に興味を持ち、じつに４機もの機体を持ち帰った。そのうちの１機が本書の主人公である。**

〔文／吉野泰貴〕

**日本陸海軍機を確保せよ**

アメリカ合衆国オハイオ州デイトンに所在するライト・パターソン空軍基地（Wright-Patterson Air Force Base）内の国立空軍博物館（National Museum of the United States Air Force）に収蔵・展示されている古今東西の航空機のなかに、日本海軍の局地戦闘機「紫電改」〔川西第5312号〕は、どんと構えて鎮座している。

1945年8月、大日本帝国がポツダム宣言を受諾したことにより日本本土へやってきたアメリカ進駐軍は日本陸海軍の兵器をサンプルとして取得するべく行動を開始。航空機についてを担当したのが東京都成増の陸軍飛行場に進駐してきたTechinical Air Intelligence Unit（略してTAIU。日本語訳は連合国航空技術情報隊）であり、比較的早い段階で機種や機数を日本側へ提示してその収集に乗り出している。

収集の希望数は、基本的に１機種あたり４機というのが相場となっており、「零戦」や「彗星」など、それまでに外地で鹵獲していた機体はもちろんのこと、「流星」や「紫電改」など、日本本土にしか展開していなかった機体や、ロケット戦闘機「秋水」、ジェット攻撃機「橘花」などの試作機も含まれていて、四発陸上攻撃機「連山」などの大型機については１機以上のサンプルの確保を試みていた。

それにはまず9月はじめに各製造会社や陸海軍飛行場の残務整理担当者から提出された「引渡目録」が参考にされたようだが、もともと、日本の抗戦能力の早期無力化を図るためにアメリカ側が飛行場へプロペラを外して並べよ、などと指示をしていたところへ台風が縦断していった関係で、各地に残存していた機体の多くは大きく破損する羽目に陥っていた。

それでも、9月の初めのラジオ放送での「○○部隊の隊員は原隊に復帰せよ」などという呼びかけで整備員や搭乗員を集め、陸軍機については1945年10月８日付けで作成され、同月11日付けで追加改訂された「飛行試験用航空機送付準備計画表」という資料、あるいは海軍機については日付がはっきりしないものの「要求一覧表」という資料が開示されているように、なんとか体裁を取り繕うことができた。

これらの機体は準備ができた順に横須賀海軍航空隊があった神奈川県の追浜基地へ空輸され、ここから護衛空母に船積みされて太平洋を渡り、アメリカ本土へ運び込まれることとなった。

▲終戦後、アメリカ側の要望（命令）により日本各地から大小の陸海軍機が横須賀に集められることとなった。「紫電改」は唯一の実戦部隊である第343海軍航空隊が展開していた長崎県大村から空輸されている。

▲護衛空母『バーンズ』でアメリカ本土へ運ばれる日本陸海軍機たち。画面手前、右から２番目に「紫電改」が見える。この機体が川西第5312号かどうかは確証がないが、同空母で４機が太平洋を渡ったのは確かだ。

**「紫電改」の場合**

「零戦」の後継機であった「烈風」の開発に見切りをつけた日本海軍は「紫電改」を時期主力戦闘機と定め、開発元の川西航空機だけでなく、昭和飛行機や第11航空廠にもライセンス生産を命じて生産数の拡大を狙ったが、結局、川西航空機鳴尾製作所での生産が主軸となり、紫電一一乙型を主に製作していた川西航空機姫路製作所での生産も少数にとどまった。

そして、執拗に空襲されたこれらの工場には完品となる「紫電改」はなく、前述したTAIUの要望に答えることはできなかった。

ここで白羽の矢が立ったのが愛媛県松山を根拠に奮戦し、長崎県大村基地で終戦を迎えた第343海軍航空隊「剣部隊」の残務整理班であった。もともと戦闘第301、戦闘第407、戦闘第701飛行隊を基幹とし、後方に戦闘第401飛行隊という錬成部隊を擁していた343空は、7月以降は3個隊を合わせても20機程度の兵力を用意するのがやっととなっていたが、士気なお旺盛なまま終戦を迎えていた。

「紫電改」空輸の命令を受けたかつての飛行長、志賀淑雄少佐は大村基地に残存していた6機（予備機を含む）の「紫電改」を選ぶと整備を命じ、10月に準備を完了、同月16日に自ら操縦桿を握り、3機を率いて横須賀へ空輸し、無事その任務を終えた。

飛行に際して「まっすぐにしか飛んではいけない」と注意されていた志賀少佐は、随伴するアメリカ海軍のF4Uの目前でクィックロール（機体を推力線に対してコルクスクリューのように横転させる）を実施。「（航跡は）まっすぐにしか飛んでないぜ」とその鼻を明かしたほか、スロットルを全開した際にはその高速から、エスコート役として随伴していたF4Uを置き去りにした、などというエピソードが残されている。

◀レストア中の「紫電改」〔川西第5312号〕。部分ごとの作業を終えて機体の組み立てが始まった頃だ。これから完成までに９ヶ月近い時間が費やされることになる（2007年8月27日／マイケル・フレッチャー撮影）

▶2008年6月、レストア作業が完成して空軍博物館内へ運び込まれる「紫電改」。すでに展示されている機体の間を縫って設置するため、アクロバチックな取り回しをしているのが興味深い。こうした扱いもまた、頑丈な本機ならではと言えるかもしれない（撮影／National Museum of the U.S. Air Force）

**海を渡る**

日本各地から集められた陸海軍機はまず第1便として護衛空母『バーンズ』により運ばれることになった。4機の「紫電改」、製造番号〔71〕〔533〕〔5218〕〔5341〕はこの時に運ばれ、11月16日に横須賀沖を出港。太平洋を渡り、パナマ運河を通過してアメリカ東海岸ニューワークで陸揚げされた（第2便が護衛空母『コア』、第3便が同『ボーグ』だった）。

しかし、これら多くの日本陸海軍機のうち、テストフライトが実施されたのはほんの一部の機体だけで、その多くは技術サンプルとしての興味を持たれる程度で各地へ払い下げられ、スクラップとして処分されてしまった。『バーンズ』で運ばれた8機の「彗星」や2機の「紫電一一型」はこれにより1機も残存していない。

一方、「紫電改」については4機運ばれたうち、アナコスティアで放置されていた1機が最終的にスクラップ処分されたほかは3機が現在もその姿をとどめている。このうちの1機が本書の主役である〔川西第5312号〕である。

アメリカ空軍博物館に残されている記録では、この〔川西第5312号〕は、1959年8月にカリフォルニア州サンディエゴ市から博物館に買いとられたとなっている。その直前にはバルボア公園の保管施設で屋内展示となっていたが、それまでには屋外展示されて雨ざらしとなっていた期間もあるようだ。ただし、〔川西第5312号〕がどのような足取りでサンディエゴ市の所有物となったのかについての具体的な情報は現在では不明で、第二次世界大戦後にアメリカ海軍から直接サンディエゴ市に譲られたものと考えられているという。

そのレストアは1990年代の終わりころから始まり、2008年夏にようやくお披露目されることとなった。

本書に掲載した一連の写真の撮影者であり、自らも卓越した航空エンジニアであるマイケル・フレッチャー氏はアメリカにおける「紫電改」の評価について、次のように語る。

「アメリカ合衆国で、第二次世界大戦で最も有名な日本陸海軍の戦闘機は、それは疑いなく『零戦（フレッチャー氏はZero Fighterではなく、Zero-senと書いてくれた）』です。しかし、歴史家や日本の航空機に興味のある人の間では、『紫電改』はまごうことなく、日本海軍のために作られた最高の戦闘機であったと見なされています」

「『紫電改』をこのような傑出した戦闘機にしたのは、強力な誉エンジンと、翼に取り付けられた20mmキャノンによる優れた火力という評価です。よく知られているように、経験豊富なパイロット～第343海軍航空隊などの～が『紫電改』の操縦桿を握ったとき、それは日本の本土にやってくるグラマンF6Fヘルキャットに匹敵するか、ほぼ間違いなくそれよりも優れていることが証明されました。その存在は傑出したデザインとして評価されるだけでなく、優れた機体としてアメリカでもリスペクトの対象となっています」（2019年12月談）

この言葉を胸に、我々日本人も自信を持って「紫電改」に賛辞を贈りたい。■

国立アメリカ空軍博物館“National Museum of the United States Air Force”は、オハイオ州デイトンの東、リバーサイドのライト・パターソン空軍基地にある、アメリカ空軍としての公式な博物館である。

収蔵する航空機ロケット、ミサイルはじつに400機以上にのぼり、その多くが実際に見られるというだけでなく、そのほとんどが屋内展示されているという点でも特筆される。

機会があればぜひ訪れてみたい航空博物館のひとつである。

開館時間：9時から17時まで
休館日：感謝祭、クリスマス、元日
所　在：1100 Spaatz Street
Wright-Patterson AFB Ohio 45433
(near Dayton) U.S.A.
電話：+1 937-255-3286
https://www.nationalmuseum.af.mil
※入場は無料

# 局地戦闘機「紫電改」
## ディテールフォト〔川西第5312号機〕【目次】



※本書のタイトルでは〔川西第5312号機〕と表記していますが、本文やキャプションでは銘板表記の〔川西第5312号〕に準拠して記述しています。

◀レストア作業も最終段階に入った「紫電改」〔川西第5312号〕。撮影は2007年10月16日で、この日はなんと戦後に指示を受けた343空が、「紫電改」を大村から空輸した62年目の記念日でもあった！（撮影／マイケルフレッチャー）

# プロペラ&スピナー

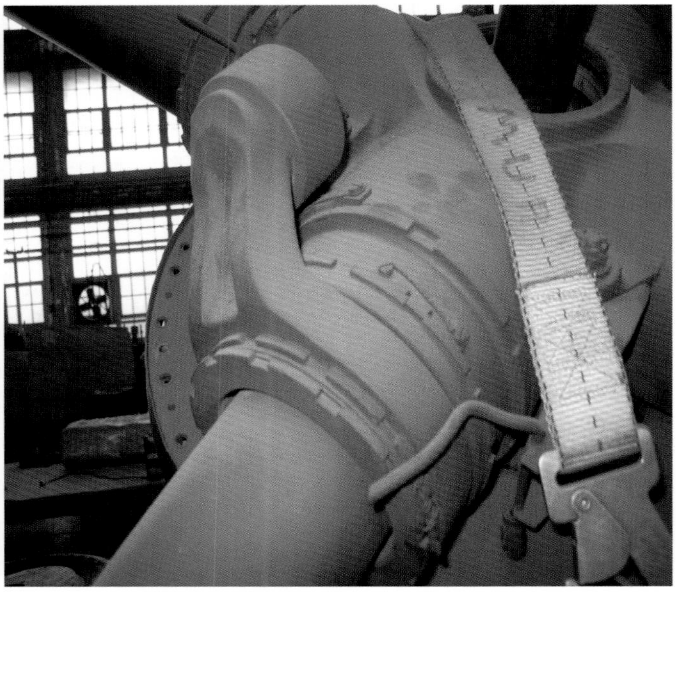

●左ページはレストア後の川西第5312号の機首部と作業前のプロペラハブ部分。紫電改のプロペラはドイツのVDM（ファー・デー・ム）式を住友金属でライセンス生産したもの（「紫電改取扱説明書」には「VDM4翅金属恒速」と記載されている）で、直径は3.300m、ピッチ変更範囲は30°である。ドイツのオリジナルモデルではピッチの変更は電気式であったが、日本で生産するには技術的に困難なため、油圧式に置換されている。レストアされる前の本機のプロペラやスピナーは茶褐色でベタ塗りされるがままだったため、その状態が写真でも残っている。

◀▲取り外された状態のスピナー。特に左下写真では先端方向の裏側の様子が興味深い。ハミルトン式プロペラをつけた零戦などのスピナーに比べ、切り欠きが複雑な形状をしているのがVDM式を装着した機体の特徴で、左右がアンシンメトリーとなった様子がよくわかる。

# エンジン〔誉発動機二一型〕

▲川西第5312号にマウントされた「誉」発動機二一型〔NK9H〕。「誉」は空冷星型複列18気筒、離昇出力2000馬力を謳ったエンジンで、その開発は中島飛行機と海軍航空技術廠発動機部の共同で進められた。二一型は一一型〔NK9B〕の回転数を向上させた、もっとも生産基数の多いタイプである。海軍機では本機のほか、紫電や彩雲などに、陸軍機では四式戦闘機に搭載された（銀河と流星は誉一二型を搭載）。

▶「誉」発動機二一型の最終減速機付近。プラグコードの様子が参考になる。プラグコードと点火栓は1気筒につき2組となっている。

◀▲同じく「誉」発動機二一型最終減速機付近。残されている写真やエンジンそのものを見ても、減速機ケースには「ホマレ」と刻印されたものなど、いくつかのパターンがあったことがわかっている。左下写真で中央に見えるのがプロペラピッチ変更機で、下部についている、先が割れた円柱がスピナー後縁への操作ロッドが繋がる部分。

▲▶「誉」発動機二一型を左真横から見る。「誉」一一型が実用化された当時の気筒の冷却フィンは鋳造式だったが、クラックが発生する原因となったため、二一型では植え込み式に改良された。シリンダヘッドについている黒いパーツは「導風板」と呼ばれるもので、カウリング前面から流れ込んだ空気を無駄なく気筒の冷却に使うためのもの。後列に配された気筒の間を、前列の排気管が通っている。シリンダの前列と後列の前後を丸くとりまく支柱は、カウリングを装着する際のガイド兼取り付け支基（「取扱説明書」には「前後部整流環支持管」とある）となる。右ページ左下の写真を見ていただくとその様子がよくわかる。

▶右ページの右側2枚は発動機の裏側を見たところ。一番上に見える銀色の箱状のものは気化器空気取り入れ口から伸びる導風筒で、その下側に気化器が見えている。

# カウリング

▼▶紫電改のカウリングを見ていく。写真は上下2分割された上側のもの。「取扱説明書」にはカウリングは「整流環」との名称で記載され、「整流環最上部ハ気化器給入管前部ヲ形成」と説明されている。右下写真は上側のカウリングを機体へ装着した状態で、上に配されているのがその気化器空気取入口（気化器給入管前部）。

●右ページの２段目左側の写真をご覧いただければわかるように、カウリング内側の上部にはプロペラピッチ変更装置をクリアするための切り欠きがある。右ページ下２枚は上側カウリングの内側で、P12で紹介した「前後部整流環支持管」と接合する溝が設けられている様子がわかる。

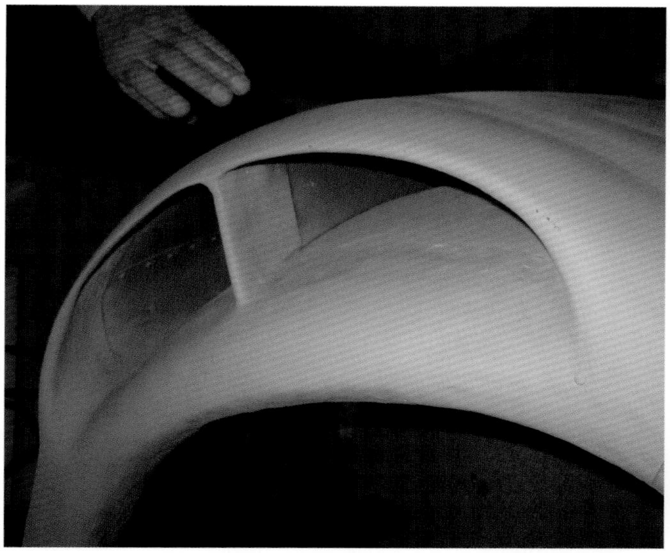

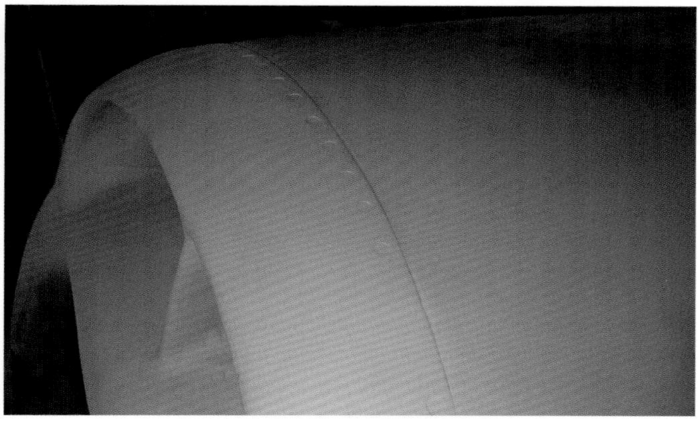

▲▶カウリング上側に設けられたカウリング固定ピン部分。上下のカウリングは左右3箇所、計6箇所で緊締される。写真右はカウリングを装着した状態での固定金具とピンの状況を前から見たもの。「前後部整流環支持管」と接合する溝の様子も見て取れる。右ページは下側のカウリングで、潤滑油冷却器への導風板が設けられているのがわかる。右ページ下2枚は「締め付け金具」とその取付部。この爪をカウリング上側のピンに引っ掛け、六角ボルトで締め付けていく。

▼上下カウリングを装着し、固定金具を締め付けた状態。一段へこんでいる部分は「締付金具覆」をかぶせるところで、左右に見えている⊘状の5個の穴を介してダズファスナーが固定される。なお、試作機では固定金具が上に、ピンが下側にあり、そのため「締付金具覆」も下側についた。

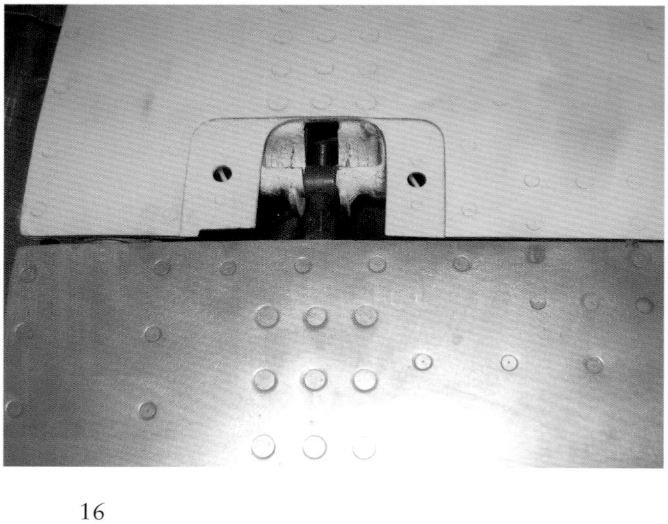

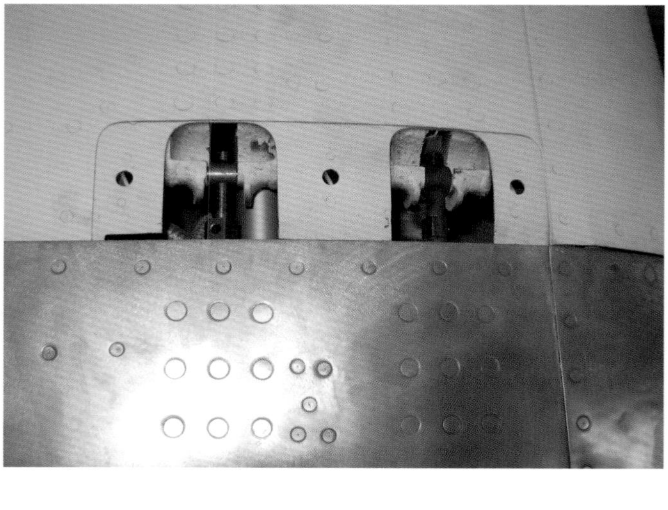

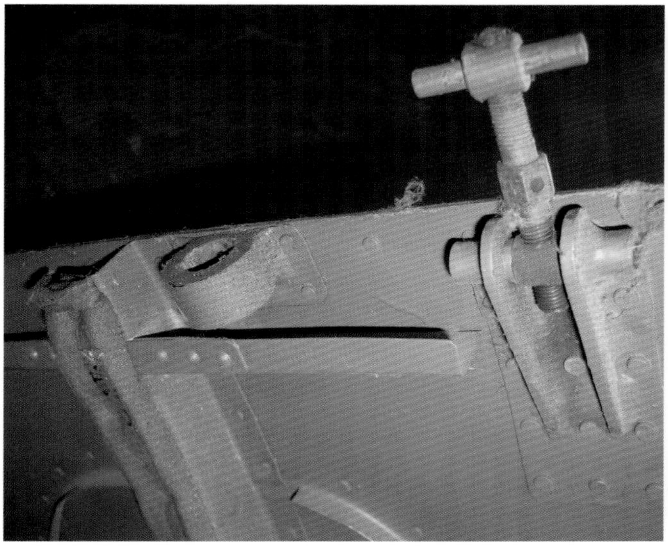

▶カウリング下側に設けられた滑油冷却器用空気取入口の先端部分。複雑な形状を叩き出して作り出している。初期の紫電改試作機ではこの取入口はなかったが、冷却効率の向上のため設置された。。

▼同じく滑油冷却器用空気取入口の先端部分。P17中段右写真で見えている穴の外側ということになる。「作業口覆」もダズファスナーで固定される。

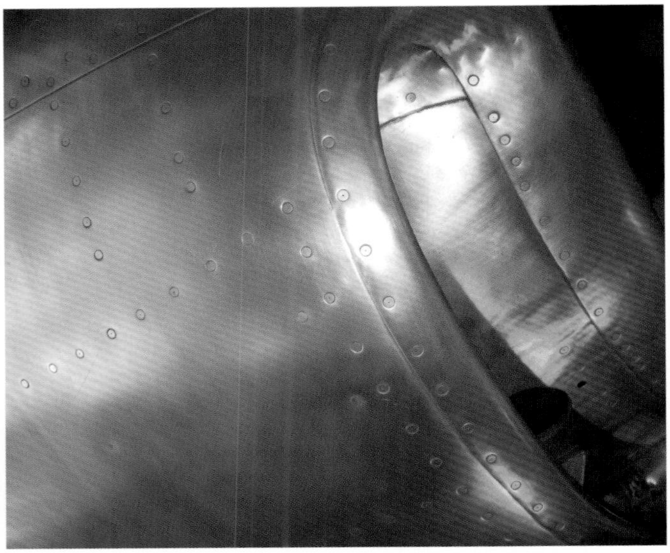

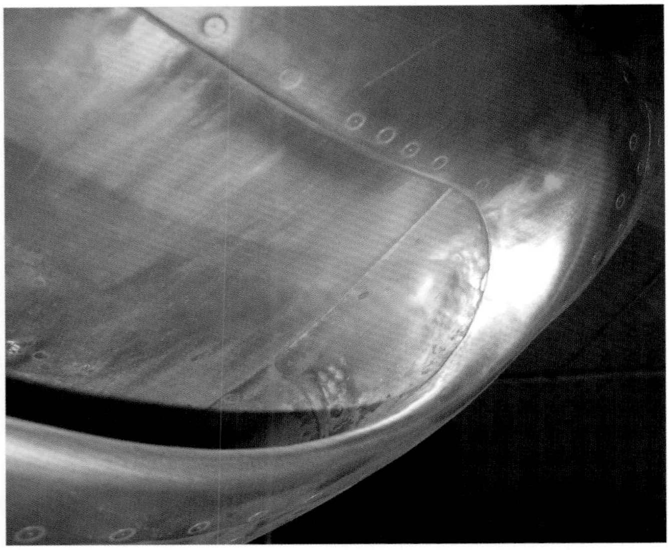

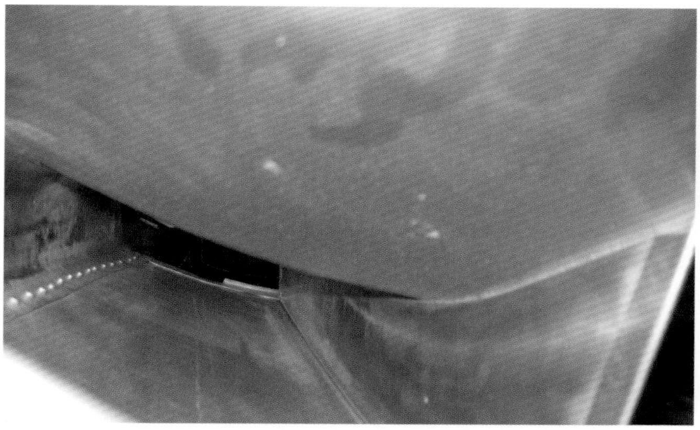

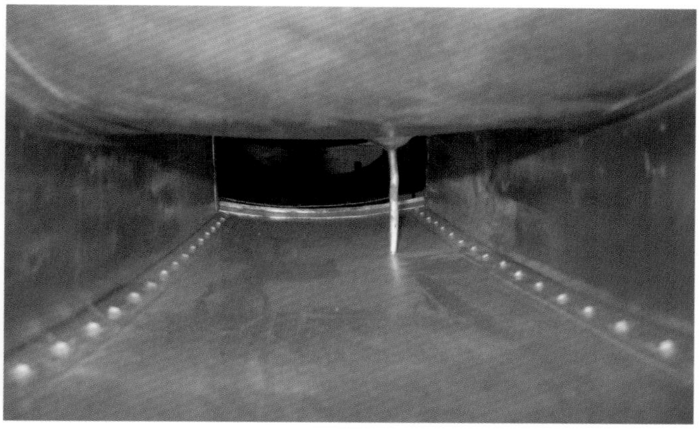

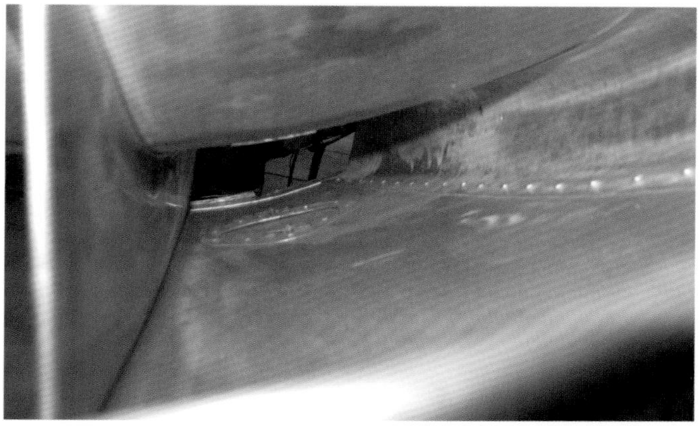

◀▲滑油冷却器用空気取入口の内部。整流用の間仕切りが2枚あり、左上写真は向かって左側、上写真は真ん中、左写真は向かって右側ということになる。この行き着いた先（上写真で半円形に見えている部分）に滑由冷却器が据え置かれる。

▼本来の滑油冷却器用空気取入口の先端部分。潤滑油の油温過昇は前身の紫電一一型でも見られた現象で、紫電では小槌のような滑由冷却器を増設したのはご存じの通り。紫電改ではカウリング下面とこの部分から冷気を取り入れるようになっていた。

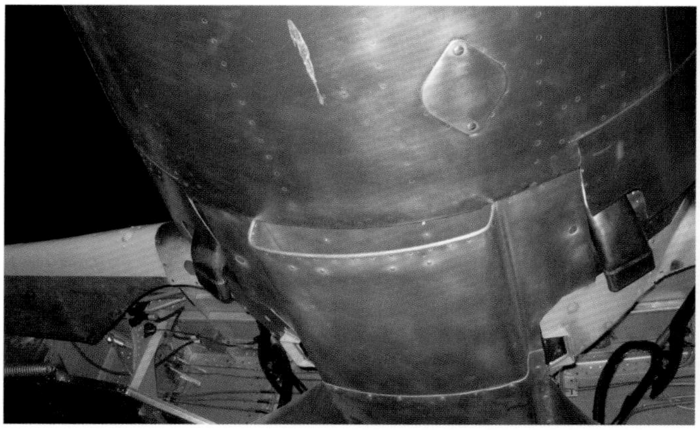

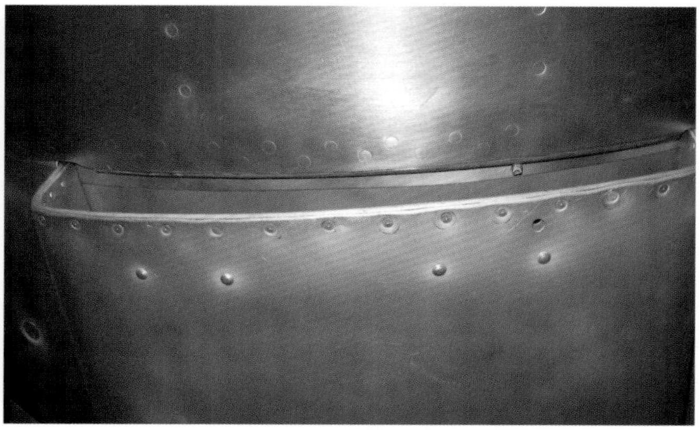

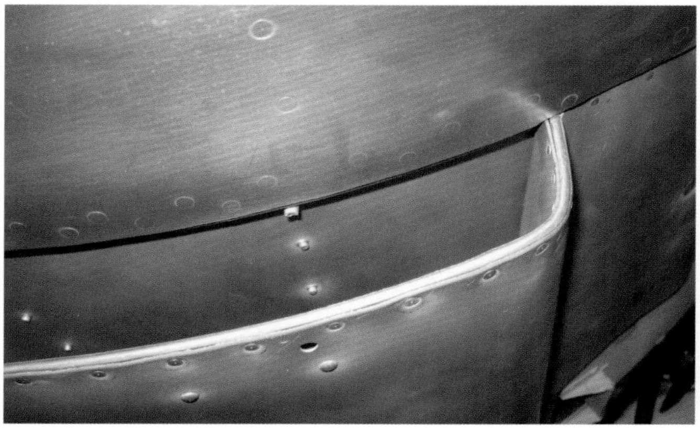

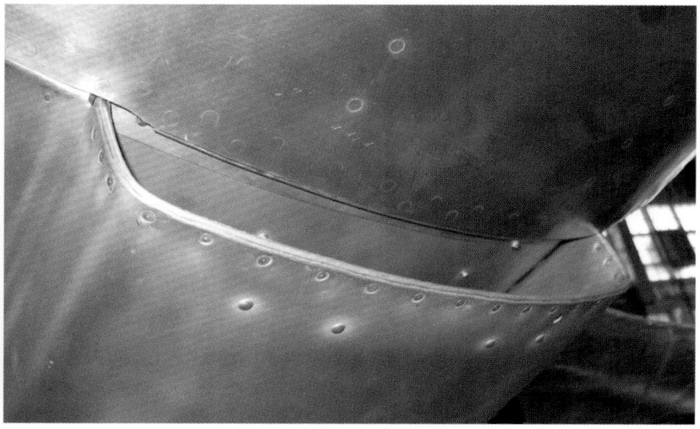

# カウルフラップ・排気管・発動機架覆

▲第1番肋骨／隔壁から前、カウルフラップまでの部分は厳密にいうと胴体ではなく、「発動機房」、あるいは「発動機房覆金」と呼ばれる。ここには発動機架や滑油タンク、メタノールタンクなどが収められている。上写真で写っている機首上面の外板は「発動機房上部覆」と呼ばれる。

▶右、ならびに右ページ写真はダズファスナーで止まっている「発動機房」の外板を外した状態で、取付部分の金具はかなり頑丈な作りになっていることがわかる。一番胴体側に見えているタンクがメタノールタンク、右ページ下の写真で防火壁後面に見えているタンクは作動油用の「高圧油タンク」で容量は9.5ℓ。黒く塗られた、斜めに伸びる支柱は発動機架。

●P20～P21に続いて「発動機房」の外板を外した状態の各部をアップで見る。右写真で中央下に写っている継手は「手動式慣性起動装置一型」から伸びており、先端にエナーシャハンドルが繋がる。なお、下写真で仮置きされているメタノールタンクは左右が逆になっているので注意（P20、P21に写っている状態が正しい）。

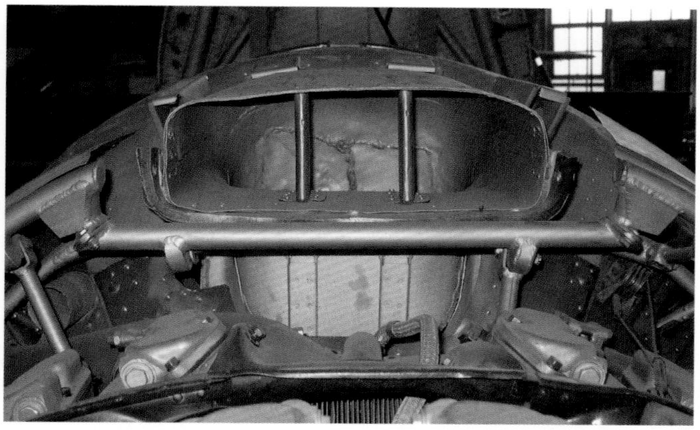

▲「気化器空気吸入筒」の後側（左写真）と前面（右写真）。見えないが内側にはシャッターがあり、コクピットで流入量を調整することができた。

▼▶防火壁前面に設置されているタンクは「潤滑油タンク」。容量は60 ℓ で、オイルを46 ℓ 搭載して使用された。写真左方向が前となる。

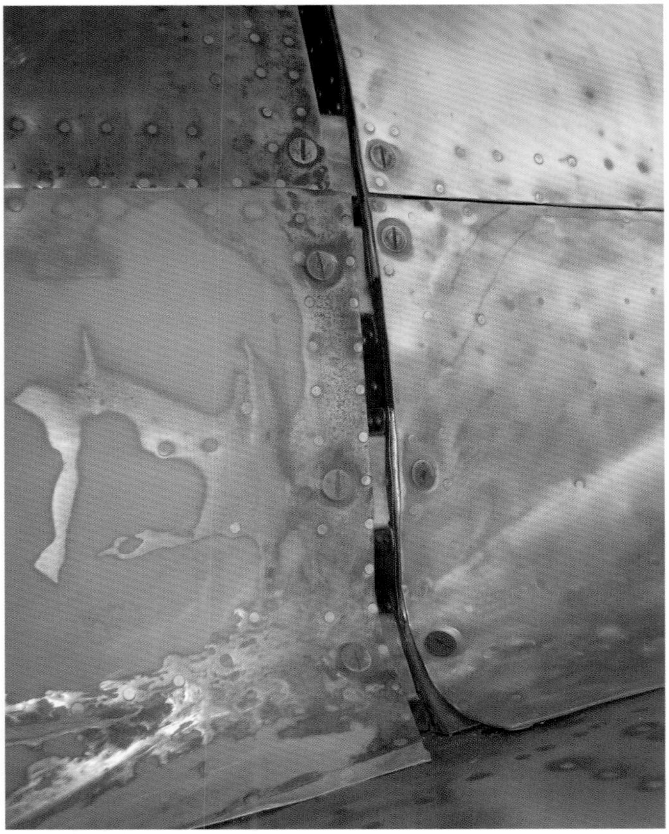

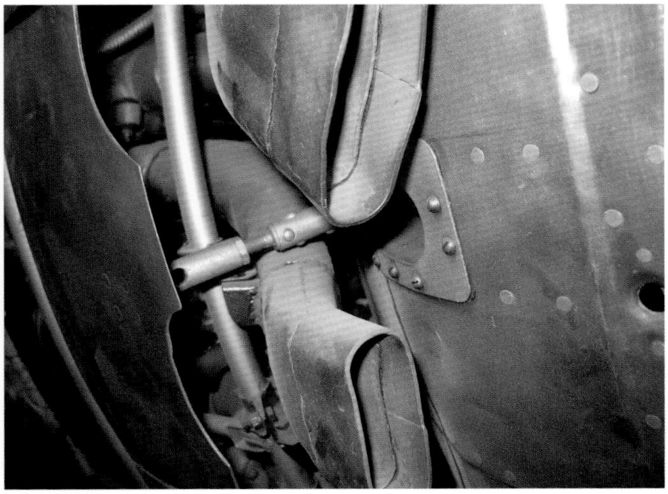

●単排気管（「取扱説明書」には「単排出管」と表記）の周辺とカウルフラップの開閉機構を見る。排気管は気筒からの直管で、下側の2本だけは4本分をまとめたものなので、都合16本ということになる。排気を後方へ吹き出すことでロケット効果を図るために大戦中盤以降に日本陸海軍機にみられた手法で、じっさいに5ノット（約9km/h）程度の速度の向上があった。紫電改のカウルフラップは左右8枚で、「整流環後部支持環」へ蝶番を介して装着され、コクピットからの操作が画面に見えるような「操作桿」に伝わって開閉され、空気の流量を変えるようになっていた。

●機首下面の排気管周辺を見る。右写真がP22でも触れた手動起動機継手の先端。下写真で黒く見えているのは増槽（落下タンク）の振れ留めを差し込むところ（左列一番下の写真は外板をつけた状態）。その他は滑油冷却器を納める部分（ここでは冷却器自体は収まっていない）、ならびに整流覆。後部に着いているフラップは「油温調整覆」と呼ばれた。

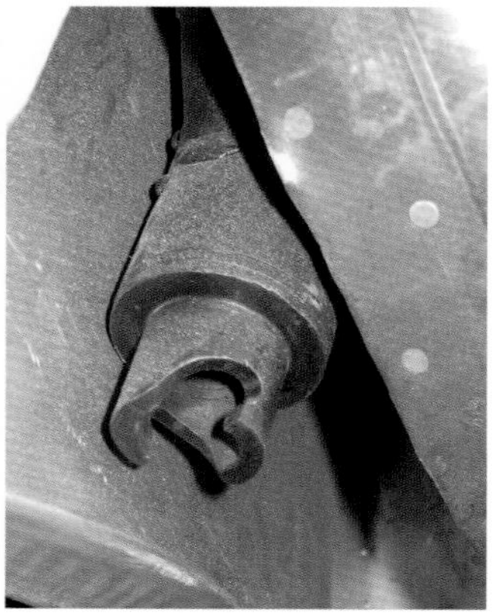

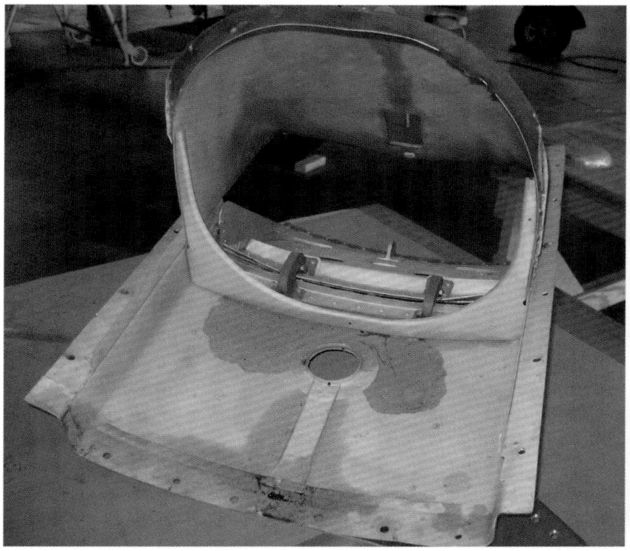

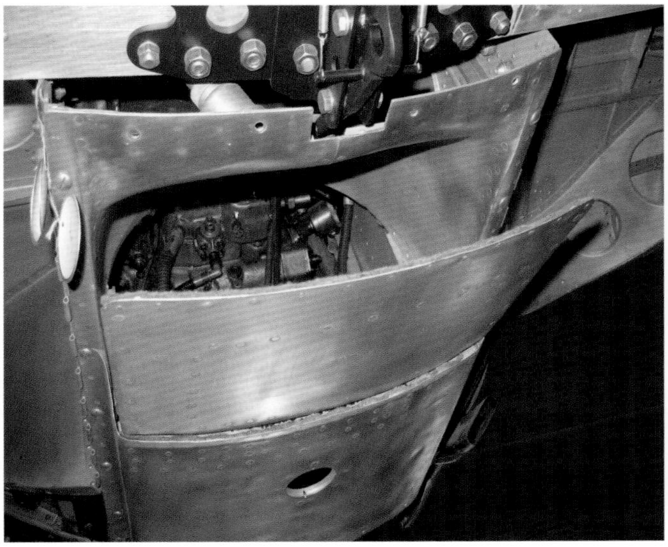
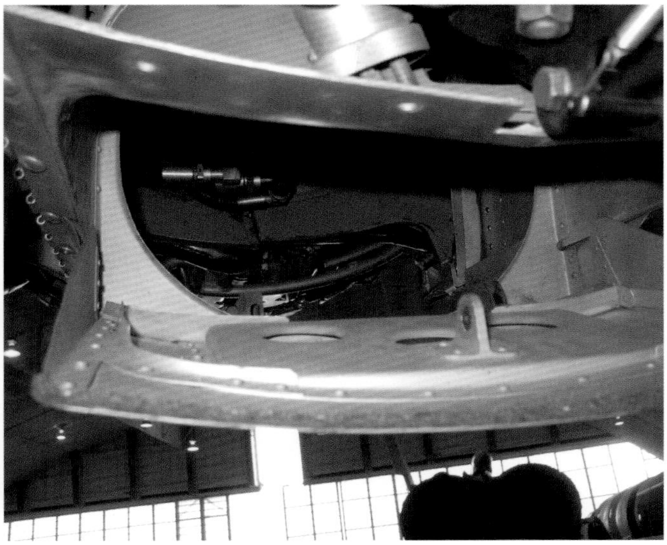

# 胴体外装

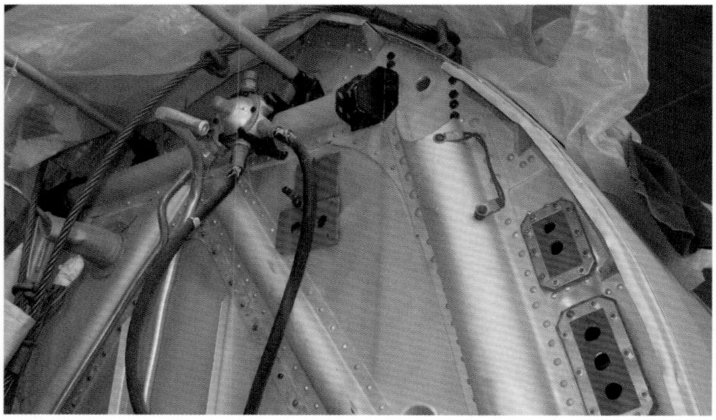

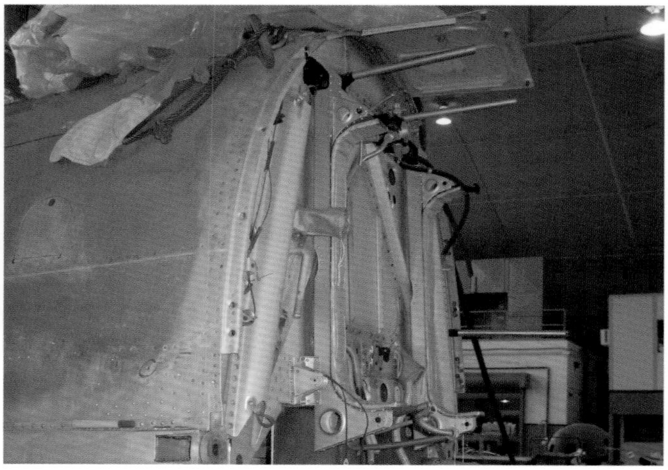

●胴体最前部となる「第1番肋材」を見る。発動機架や主翼桁が繋がるのがこの「第1肋材」なので、もっとも強度が必要とされるところである。向かって右側、本来の左舷側に茶色くパッチが当てられている部分はエンジンやプロペラ、フラップなどの操作桿がコクピットから伸びていく部分だ。　▶メタノールタンクの「受け」を取り付けた状態。

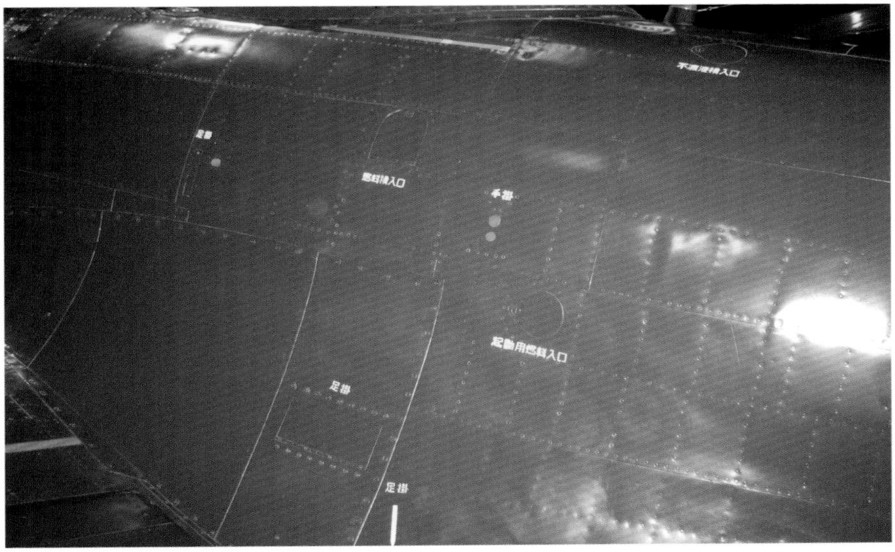


◀ここからは左舷側の胴体に配されたハッチなどをみていく。川西第5312号では各種のステンシル類も再現されているので、まずはこれで位置関係を把握していただきたい。

▼胴体最前部「第1番肋材」の直後、上にあるのが「吊上金具」を納めたハッチ。紫電改の場合、左右2箇所の「吊上金具」とプロペラ2枚を利用して機体を釣り上げるようになっていた。操縦席脇には「前部足掛」があるが、猛烈な軽量化を図った零戦とは違い、これは左右両側に設けられている。最下段は「前部足掛」で、右に見えるボタンを押すと90度回転して角柱状の足掛けが現れる。このボタンをよく見ると、中央の棒線の左側に「押」の字がモールドされているのがわかる（これは「取扱説明書」にも図示されている）。

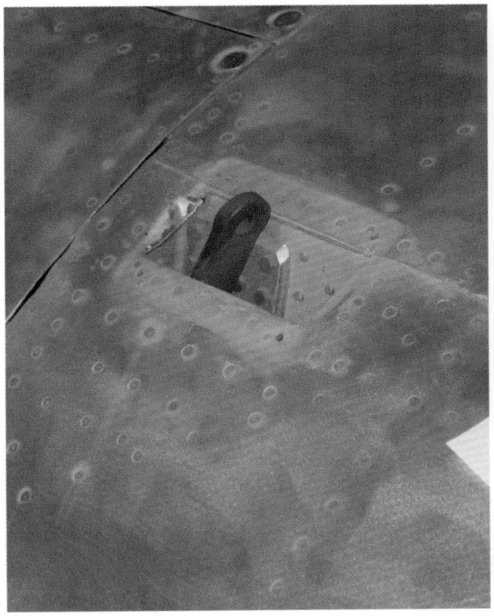

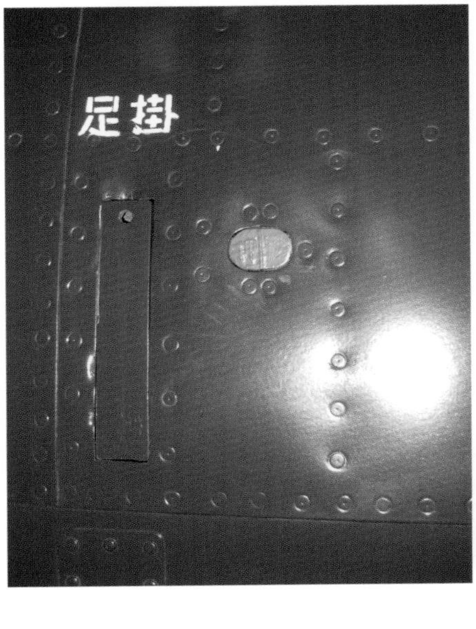

▲▼左舷第5、第6番肋材付近の胴体で、中央上から「胴体後部（燃料）タンク燃料積込口」（後部、とあるのは紫電改には胴体タンクが2個あったため。前部タンク用は右舷にある）、「手掛」、「起動用燃料積込口」。「手掛」も胴体左右にあり、下の丸いボタンを押すと上の丸い部分が棒状になって飛び出す仕組みになっていた。

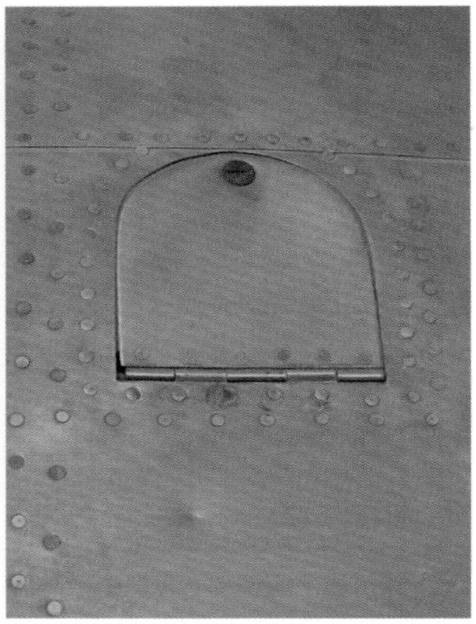

▲「後部胴体燃料積込口」のハッチと、その内側に納められたフューエルキャップ部分。ハッチは蝶番で胴体に取り付けられ、マイナスネジの頭のようなファスナーを回転させることでロックが外れるようになっている。

▼無線空中線支柱付近左舷に配された「不凍液積入口」ハッチと作業用の「採光窓」（最下段右は内側からみたところ）。紫電改のアクセントのひとつと言えるところ。

▲▶フィレットに埋め込まれた「中部足掛」の内側になる部分。板を貼りあわせたような単純な構造だ。下縁に蝶番で取り付けられた「蓋」を踏んで使用する。

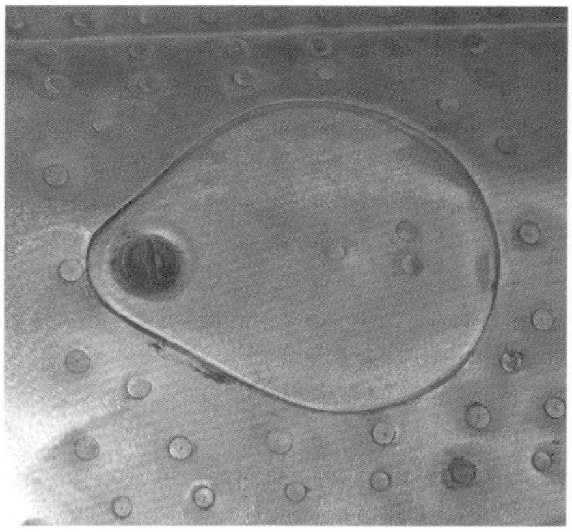

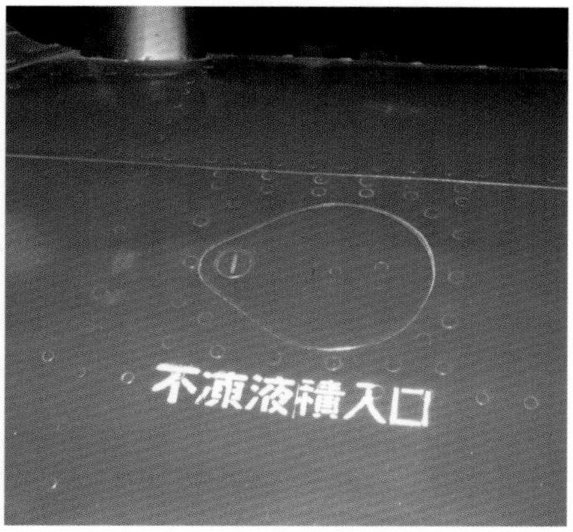


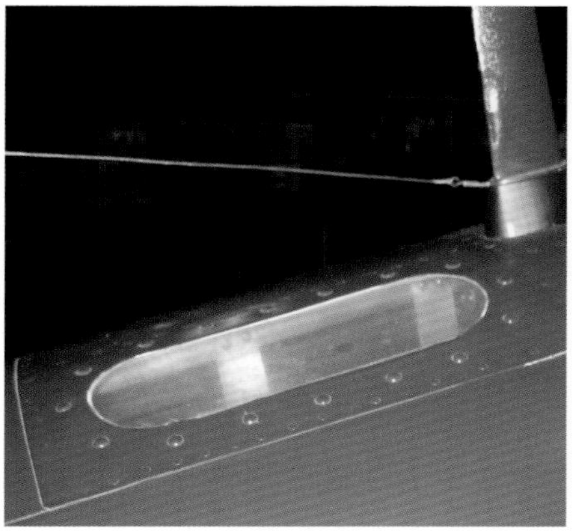

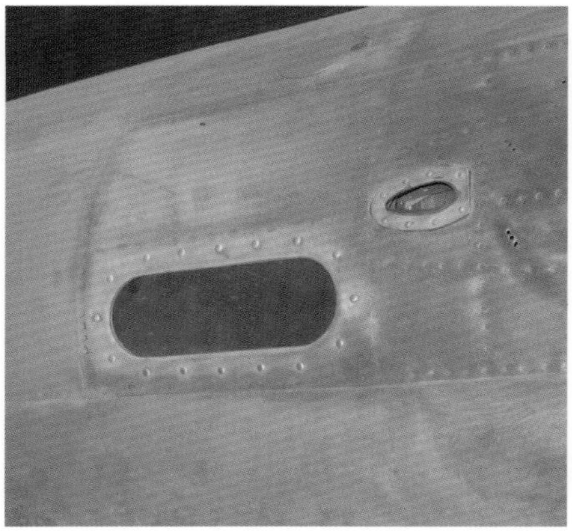

●ここからは右舷の胴体ハッチをみていこう。右は胴体前部に配された「吊上金具」のハッチで左舷と同様。

▼下写真は操縦席右に設けられた「胴体前部（燃料）タンク積込口」ハッチ。胴体外板に青や黒の丸でマークされているところは胴体と主翼をなだらかにつなげるフィレット（「主翼取付部整形覆」）の着く部分で、これを境に沈頭鋲と普通の丸頭のリベットが使い分けられているのが興味深い。最下段左側写真は主翼後縁直後の右舷側胴体で、四角く空いているのは救命筏用のハッチ（扉はあり合わせの布で養生してある）。右列は「足掛」と「手掛」で、ボタンの「押」の字が天地逆となっている。

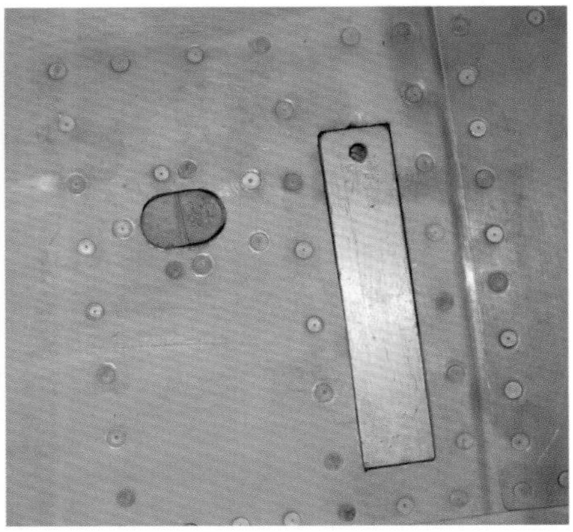

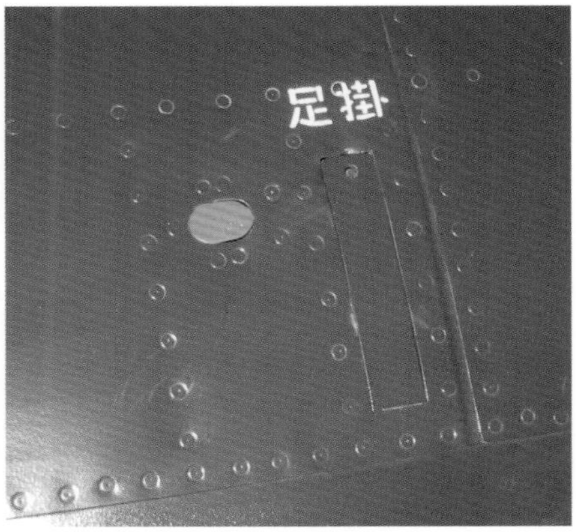

▲右舷主翼フィレットの「中部足掛」。外板を踏むことでステップになるようになっている。

▲こちらはフィレットから下へ飛び出す「後部足掛」。取り付ける前に撮影。

▲紫電改の胴体中央～後部の様子。前部に比べて中央部には点検ハッチなどがないのがわかる。

# 胴体内装

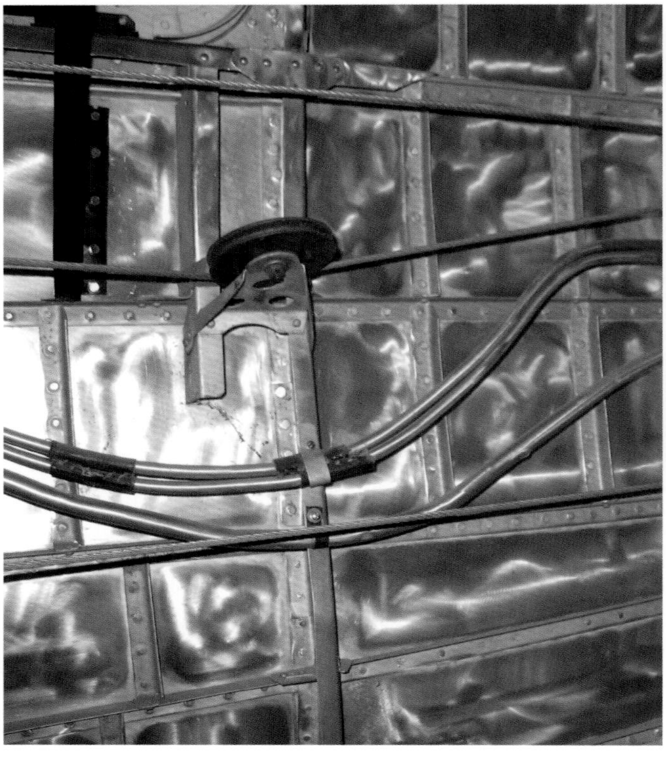

●胴体の内側を後ろから順に見ていく。楕円形の胴体左右の肋材に沿って昇降舵や方向舵の操縦索が伸びており、一番後部の第19番肋材までが胴体である（その後ろ側に尾脚柱が取り付けられる）。上段2枚の写真で真一文字に胴体を貫いているのが、機体を水平にする際などに使われる「担棒差込口」の内側。下段の2枚は右舷側の胴体内側。右ページは胴体天井部、ならびに左舷側の内側。下段の2枚の写真には左舷胴体下面に設けられた「点検孔」がわずかに見えている（P37参照）。

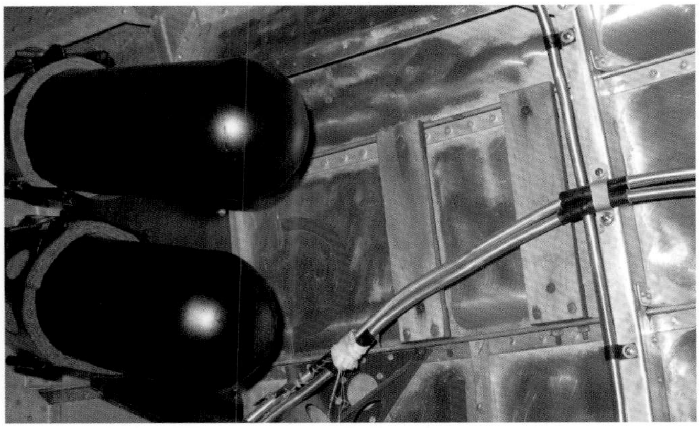

▲第9番、第10番肋材の間、左舷側の胴体床に設けられた「点検孔」から前方を見た状態。ちょうど操縦席の後ろにあたる部分で、台形状に斜めに開口している部分が第6番1/2肋材の後ろ側（操縦席の後尾）。最上段2枚の写真で見える黒い支基に酸素ボンベが装着される（2段目の写真がその状態）。これらの写真の画面左右に見える、十字状に組み合わされた三角状の支基に円柱がついたようなパーツ（爆弾の安定翼のよう）はP30やP32で見た「手掛」の内部構造だ。

▼▶同じ場所の左舷下側を見る。画面中央に見える丸いパーツは「起動用燃料積込口」の内側で、そのすぐ右下にタンクが見える（本来はパイプで繋がる）。右に見える横棒は昇降舵の操作桿。下写真の「管制器」はフラップや腕比変更装置のための装置で、右写真の右下部分にカバーを外した状態が写っている。

▲左ページ写真の右側となる胴体内で、3本の自動消火装置用の炭酸ガスタンクが並ぶ（本来は頭部にパイプ類が着く）。左から胴体タンク用、左翼タンク用、右翼タンク用。

▲こちらが第9番、第10番肋材の床面に設けられた「点検孔」を外から見たところとその扉。胴体の大きな本機ならではの装備と言える。

▲胴体内側から見た「不凍液用タンク」と「採光窓」。その脇には無線空中線支柱の取り付け基部が見える。「不凍液用タンク」はプロペラの凍結防止用の耐寒装備だった。

▶▼昇降舵操作桿に注目する。右写真、直立した銀と黒のパーツは「昇降舵操舵腕比変更用操縦梃」と呼ばれる、速度域に応じて操舵角度を一定に保つための機構。中段左写真でもわかるように緑色の操作桿は座席の下を通って操縦桿につながっている。上段右写真、ならびに最下段左写真は操作桿と昇降舵操作ワイヤーの繋がる操作桿。

▼2段目右の写真は左舷胴体に設けられた「後部胴体（燃料）タンク積込口」と後部胴体燃料タンクをつなぐパイプ。下側は布で巻いてあるが、ゴムで接続するのが「取扱説明書」にも書かれている純正の仕様（さすがに復元機のものは当時のゴムではないが）。最下段の2枚は「起動用燃料積込口」とタンクのジョイント部分。

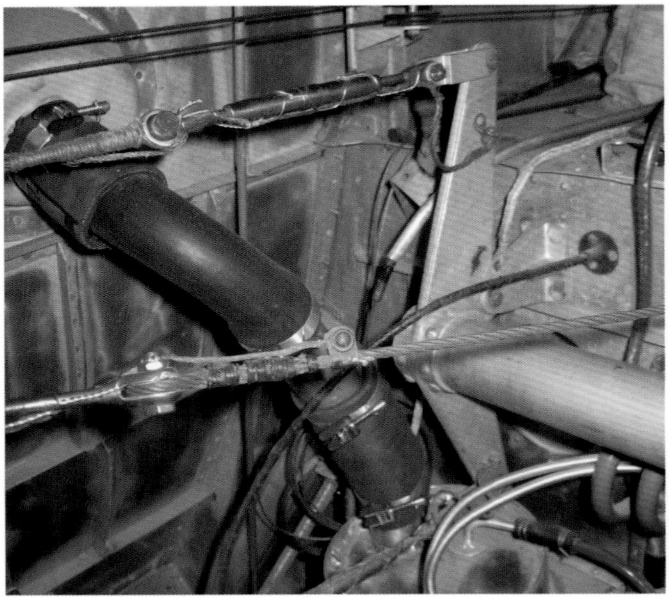

▲胴体下部の内側を見る。上方向が機首となる。黄色い部分は主翼桁の下面（黒い接合部の真ん中に増槽用の懸吊鈎がある）で、そのすぐ下、画面を横切る銀色の隔壁が「第1番肋材」の下縁。その下側に「胴体前部（燃料）タンクが収まる。

◀▼同じく胴体下部の内側。ここでは左方向が機首となる。天井になっているのが操縦席の床板で、一部は手入れ用に取り外せるようになっている。リベットのついた円柱は操縦桿の下端である。

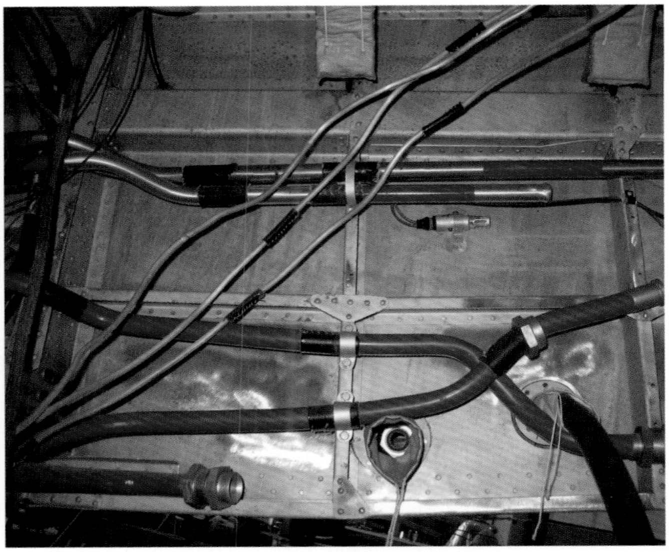

▲続いて胴体下部の内側を見る（右上、あるいは上方向が機首となる）。胴体前部タンクの収まるスペースの後縁を見ていることになる。中段右写真では操縦席左側に配された切り替えコックからのびるワイヤーの様子がわかる。

▶こちらは胴体後部タンクの収まる部分で、画面下が機首方向となる。この胴体下面に装着される外板は「主翼々根整形覆」と呼ばれる。

●右ページ上3枚は燃料タンクの送油切り替えコック周辺。下4枚は取り外された胴体タンクで、送油パイプの着く位置から後部タンクの上下を見ているようだ。防弾用の防漏ゴムに覆われた、本機特有の装備といえよう。

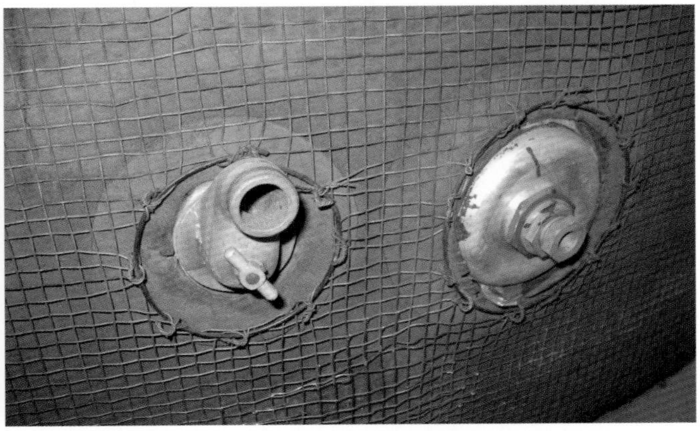

# 風防

▶紫電改の風防は「第1風防（前部固定風防）」、「第2風防（可動風防）」「第3風防（後部固定風防）の3つからなっている。風防枠の多い日本陸海軍機のなかではとりわけシンプルなデザインだ。ここではまず風防の外観を観察していただきたい。

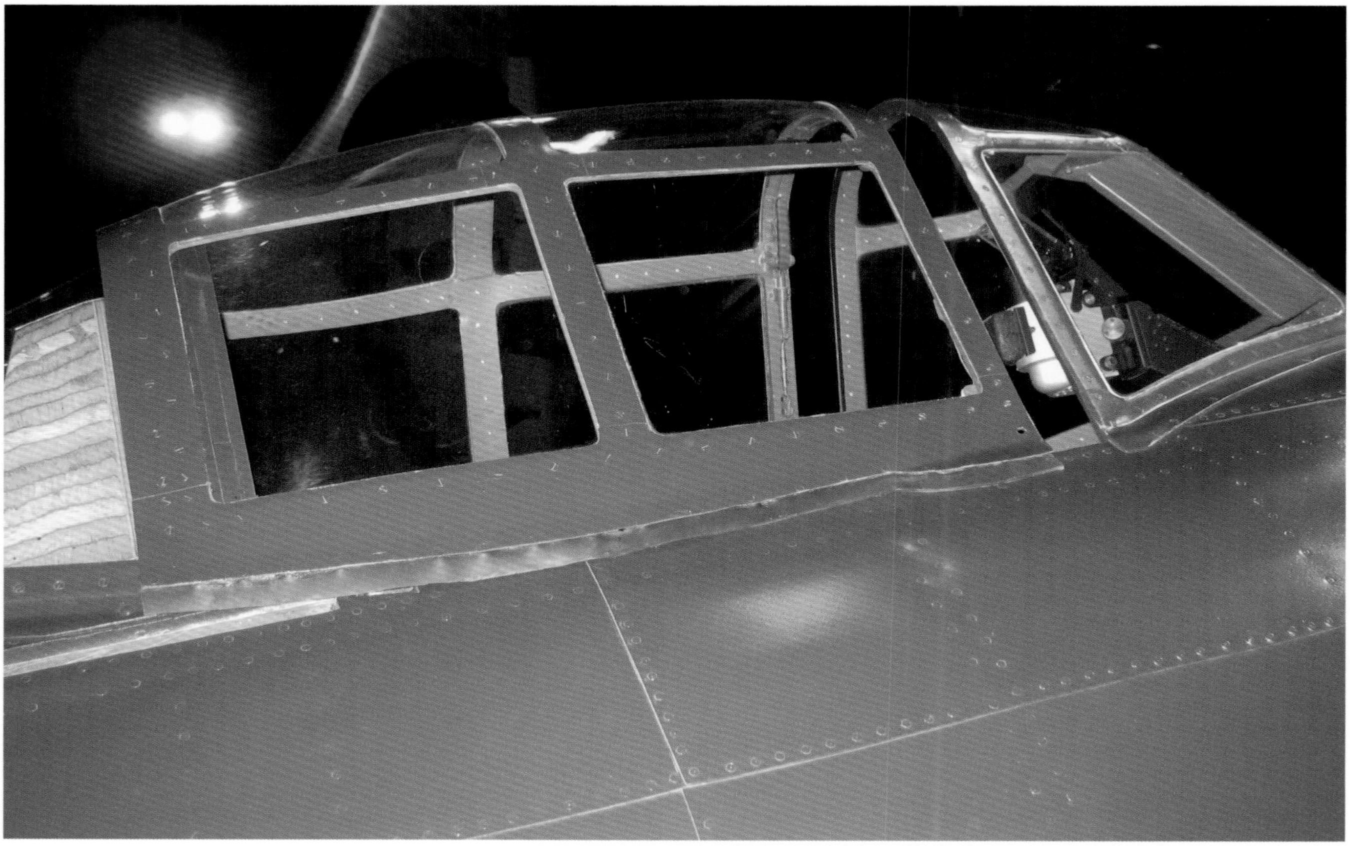

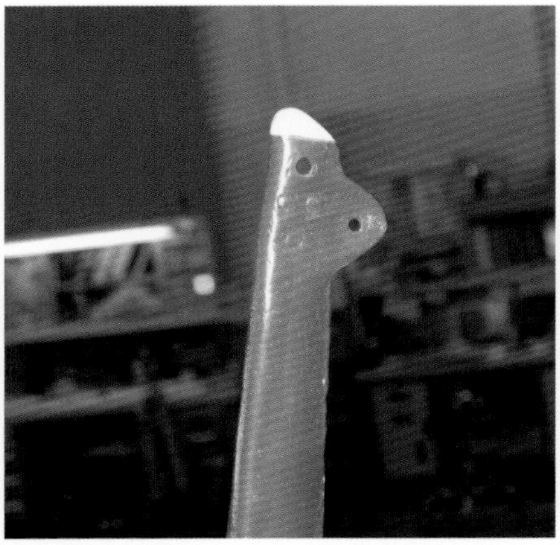

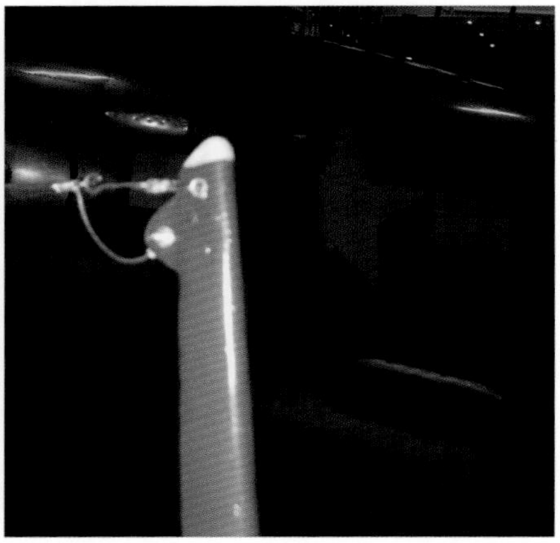

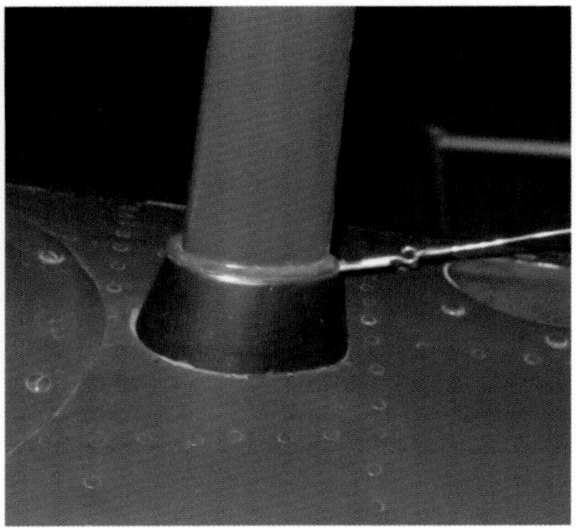

◀▲風防後方に配された無線空中線支柱（アンテナマスト）。金属製の支柱自体がアンテナの一部となっており、側方に飛び出た方の穴から無線空中線（アンテナ線）が垂直安定板上部へ伸びる。その支柱の基部はゴム製で、胴体と絶縁している。大戦後半には通信能力の向上のため、垂直安定板頂部で折り返された空中線が支柱の基部へ折り返されるようになっていた。

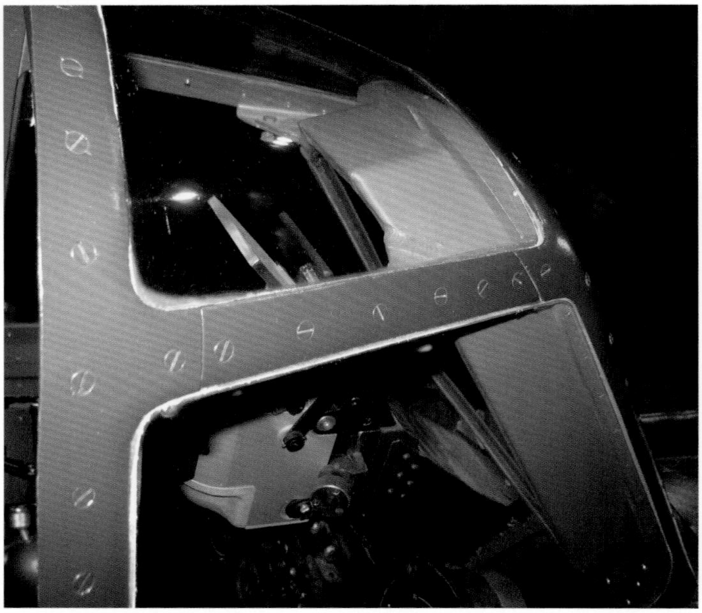

●「第１風防」をみる。各部の風防枠の様子に注目されたい。「第１風防」の前方平面に据え付けられた防弾ガラス（厚さ 70mm）や、その取り付け要領が見て取れる。これに伴い、前部平面風防の上方は直線的に処理されるようになった（零戦五二丙型などでも同様）。側面から見るとその取り付け枠とあいまって防弾ガラスの厚さがより強調されるようだ。中段右写真は「第１風防」の前面に設けられた操縦席の「通風用空気取入装置」用の「空気取入口」。

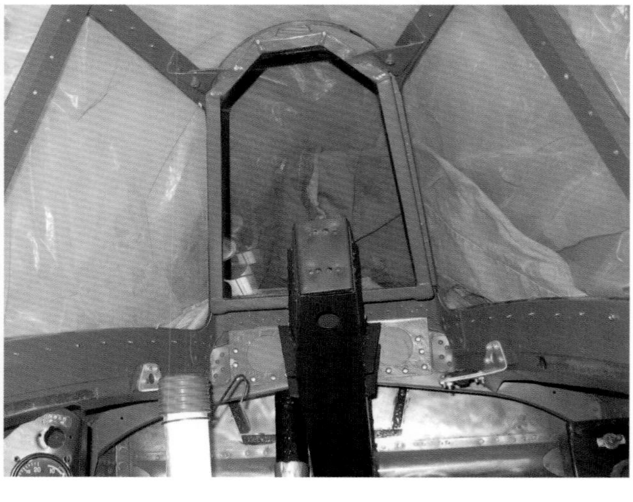

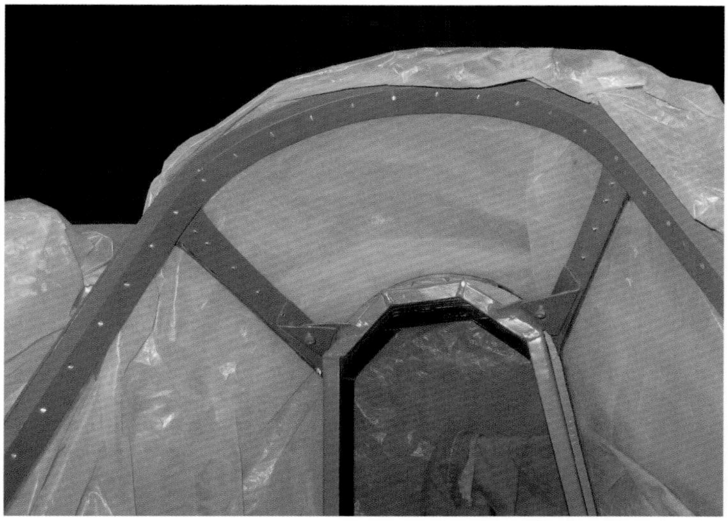

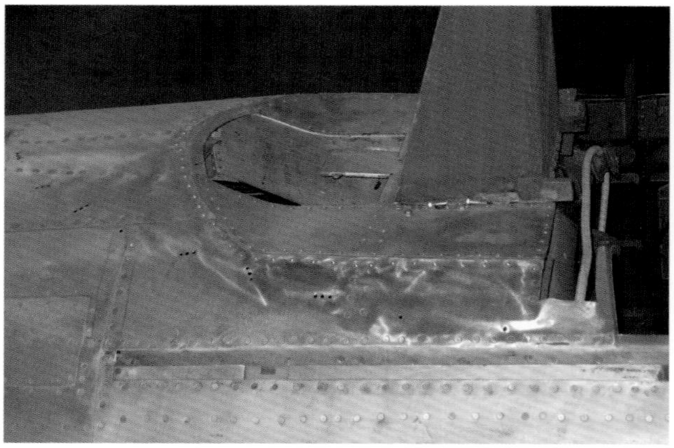

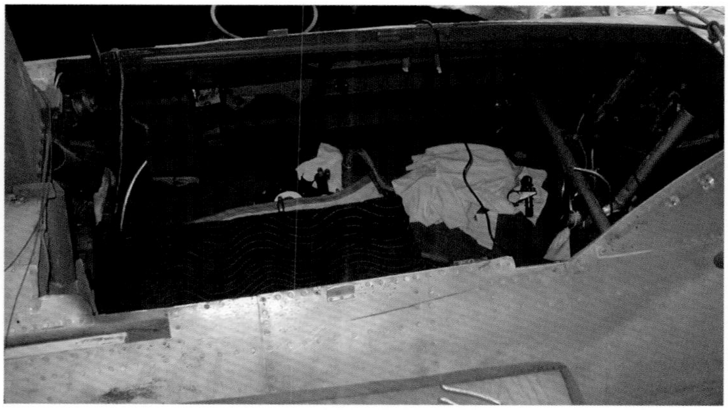

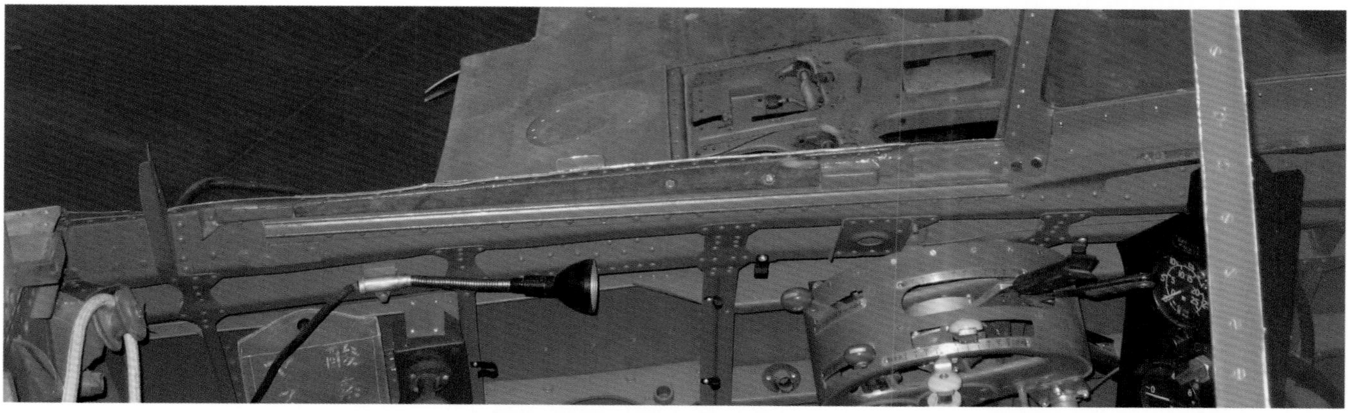

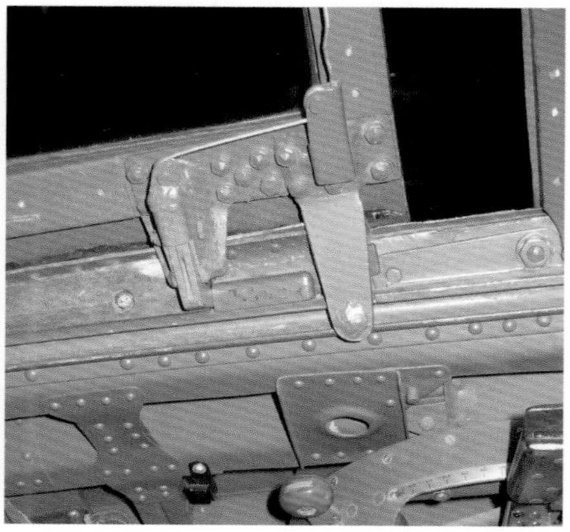

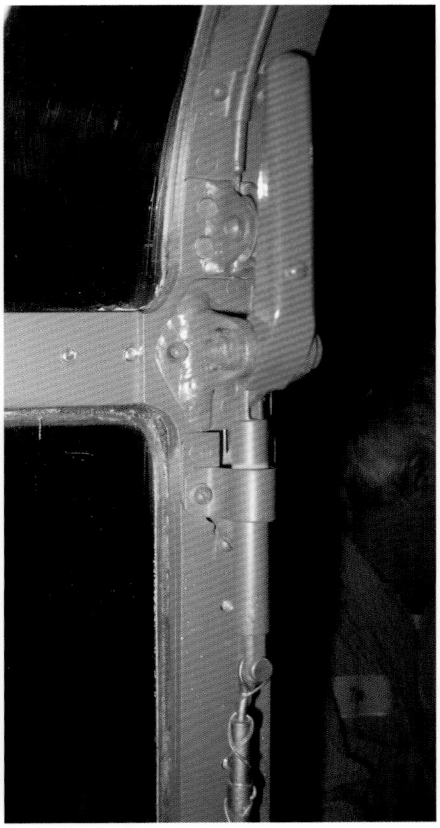

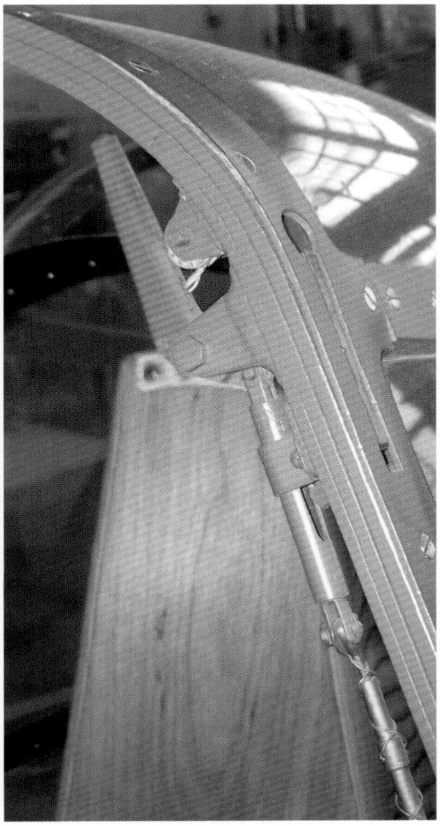

●左ページは「第２風防」の可動レールを並べたもの（右が機首方向）。「第２風防」は前後２箇所ずつ、計４カ所でレールと接続するが、ご覧のように前側のレールは機内側に設けられていて外側には見えない。３段目、４段目はその内側のレールと前側の接続部を見たもの。「第２風防」の前部はこのレール配置の関係で、後方へ移動するに従って胴体から浮いたようになっていく（逆に、後ろ側は胴体に沈んでいくようになる）。右ページは「第２風防」の前枠にある風防開閉用、並びにロック用の把手。外側でも内側でも、赤い把手を引くと前部左右のロックが外れ、風防を開けることができるようになっている。最下段右は外した「第２風防」を後方から見た状態。

# 転覆時保護支柱

●「転覆時保護支柱（ヘッドレスト）」は木製。板を張り合わせたようなシンプルな格好で、第6番1/2肋材と第7番肋材に固定される。その後の穴はクルシー式無線帰投装置のループアンテナと本体が着くスペースとして設計されていたが、実際に紫電改が搭載する機会はなかった。

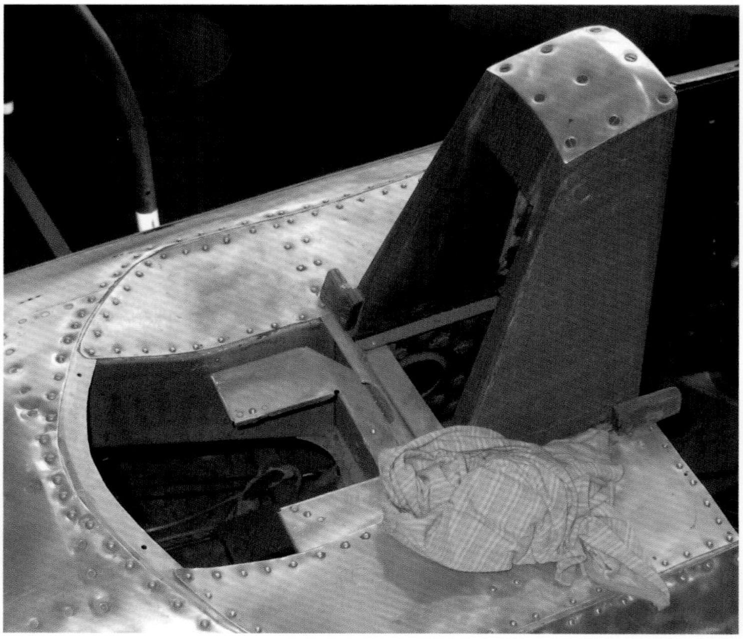

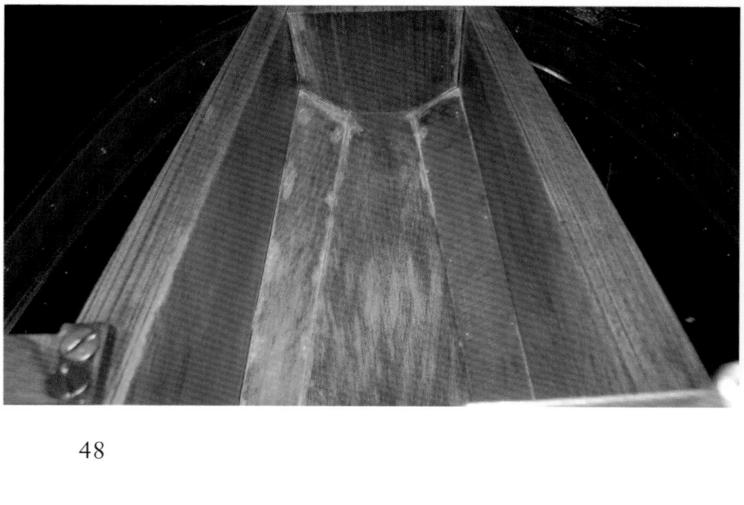

# 操縦席

●ここからは操縦席の艤装をみていこう。本ページは主計器盤をまだ取り付けていない状態を表したもので正面に見えるのが「第1番肋材」（P28参照）。「第1風防」左右内側に見える銀色のステーに主計器盤上部が取り付けられる。斜めに伸びる黒い支基が射爆照準器の取り付け部で、射撃精度の確保のため強固な「造り」になっている。その左隣、頂部が黒く塗られた銀色のパイプは風防前面の「空気取入口」から導かれているもので、下段左写真中央にその吹き出し口が見える。

●主計器盤を取り付けた状態。本機や流星など、大戦後半に登場した機体は計器板など各部の木製化が図られていた（ここでは「計器板」は板そのものを、「計器盤」は各種の計器類がついた状態として書き分ける）。主計器盤の計器は、左１列目上から下へ、回転計、気筒温度計、主切断器（本ページ右下写真に写っている）の順。続いて左から2列目、排気温度計、ブースト計（右半分が赤い）、潤滑油圧力計、潤滑油温度計（欠損）。真ん中は旋回計、水平儀、航空羅針儀（コンパス）。右から2列目は航路計、速度計、高度計、昇降度計。右端は電気式大気温度計、メタノール圧力計で、左側にエンジン関係の、真ん中から右に操縦や航法に関する計器が配されている。「左舷副計器板」の一番上に四式射爆照準器からの電源コードが繋がり、その下に酸素調整器、胴体タンク燃料計、胴体タンク燃料計切換コック（銀色のつまみ）、燃料管制表示灯（白と赤のランプ）、翼内タンク燃料計、翼内タンク燃料計切換コックがある。

▲主計器盤右側に連なる「右舷副計器板」周辺。「右舷副計器板」には脚位置表示器や「油冷却器シャッター（これは滑油冷却器前面につくもの）」の開閉つまみがついている。一番下の銀色はプロペラのピッチ変更部分に不凍液（操縦席後方の胴体内にある緑色のタンクに搭載）を塗布するための注油ポンプ。その右側にある2つのつまみは上が「筒温調整装置」で、カウルフラップの開閉をするためのもの。下側は「油温調整装置」で、滑油冷却器後方のフラップを開閉する。両者が干渉しないように途中で折れ曲がるようになっているのがわかる。その間に「軍事機密なので不時着した際にはむしり取って然るべく処分するように」と言われた空戦フラップ用の発信器～「取扱説明書」には「特殊装置（空戦フラップ）発信器」と記載～があった（見事にむしられていてない）。上写真は脚位置表示器部分の拡大で、6つあるランプのうち左右上側が赤灯、下側が青灯となる。真ん中の2つは尾輪のためのもの。艦爆や艦攻では工程簡略化のため尾脚を固定式に変更するように改設計の指示がなされてる一方、零戦や紫電改など、速度を第一義とする戦闘機では尾脚は固定式に変更されなかったはずだが、「固」「定」と書かれているのはこれいかに？

▼主計器盤の下端。左下写真（左ページ右下写真も参照されたい）は「第1風防」前面の空気取入口から繋がる噴出口で、自在継手により角度を変えられるようになっている。右下写真の赤い丸は本来は燃料注射ポンプが付く（本体は欠損）。

●主計器盤に取り付けられた「四式射爆照準器一型」。ドイツから輸入したユンカースJu88爆撃機に付いていた「Revi（レビ）C/12C」を参考に、海軍航空技術廠が基礎設計し、富岡光学がリファイン設計して実用化にいたったもので、零戦でも防弾ガラスを装着した五二乙型以降で装着された。写真下に見える銅色のつまみは上下の調整用、底面についたつまみは明るさ調整用。

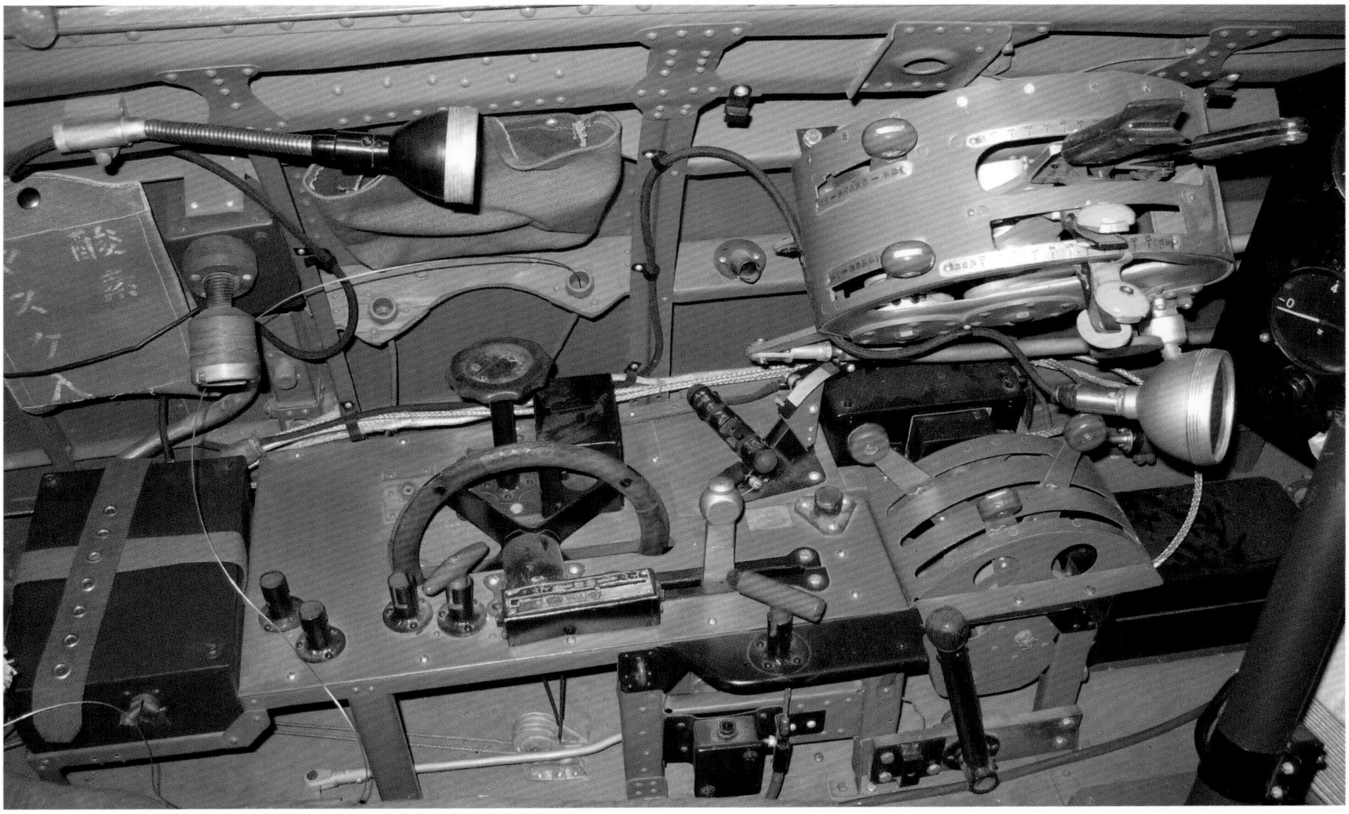

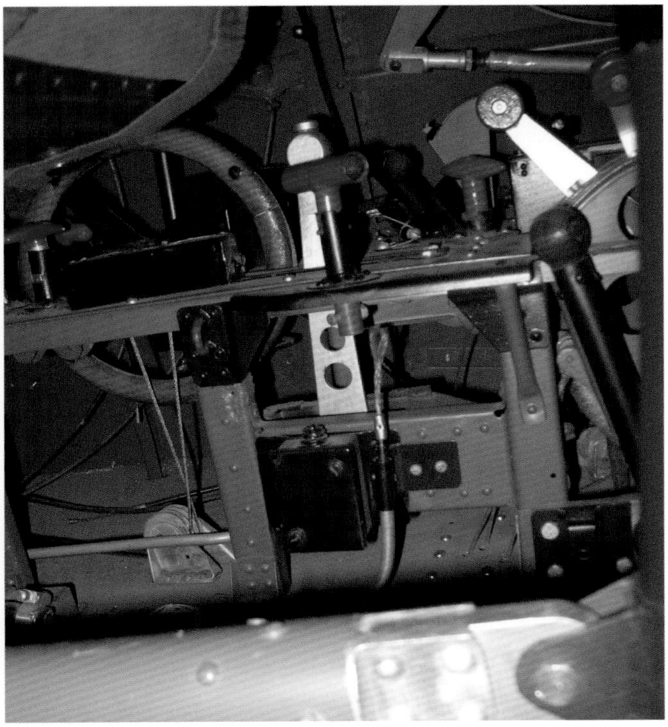

●ここからは操縦席左側の艤装を見ていく。写真で右方向が機首となる。おおかたの機体と同様にこちら側にはスロットルレバー、ACレバーなどのエンジン管制装置や燃料タンクの切換コック、爆弾や増槽の投下把手などが配されている。各部を見る前に全体的な配置を参考にされたい。

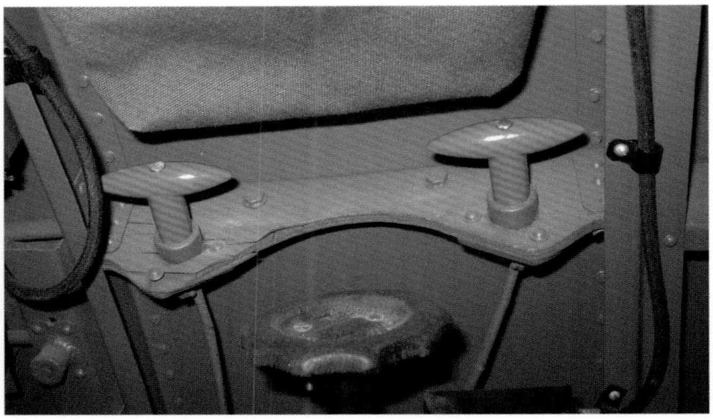

●続いて左舷艤装をみる。左写真の茶色いパーツは電熱服のコネクター。中段左写真のT字型の把手は「増槽投下把手」、その右、丸い木製の把手がついた黒いレバーは「燃料手動ポンプ操作装置」、中段右写真は燃料タンク切換コック操作レバー（併せてP40、P41を参照）。下段左写真に見える木製のハンドルは「昇降修正舵操作把輪」。下段右側は復元作業が進んで赤い「吹流投下把手」や「爆弾投下把手」などが据え付けられた状態。

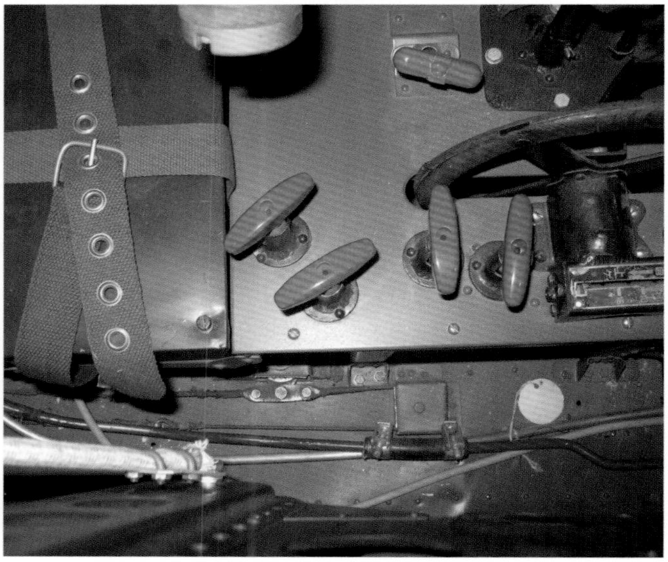

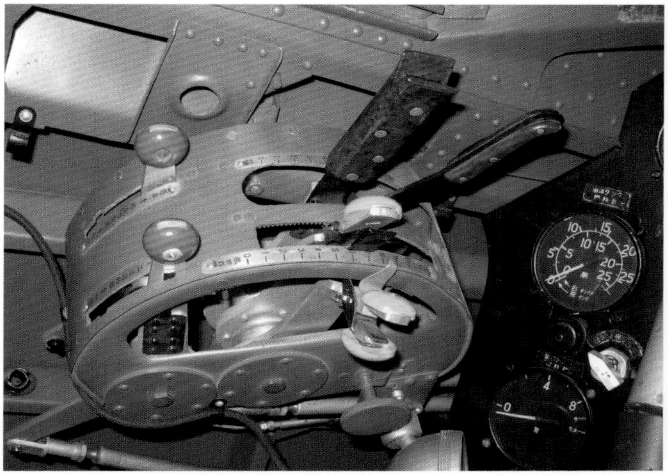

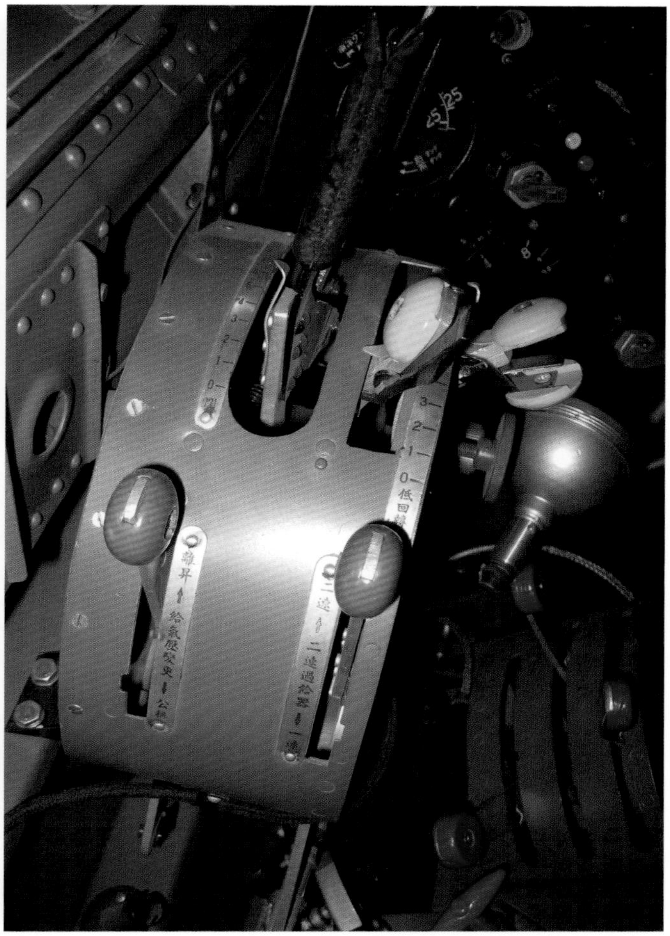

●スロットルレバー類が配された「ハンドル筐」で、木製の大きな握りがスロットルレバー、その隣の黄色いレバーは「高度弁」。赤いレバーは左側が「給気圧変更」レバー、右側が「二速過給器」の変速レバー、横から出ている黄色いレバーはプロペラッピッチ変更レバーである。すぐ上の写真は20mm機銃の引き金。

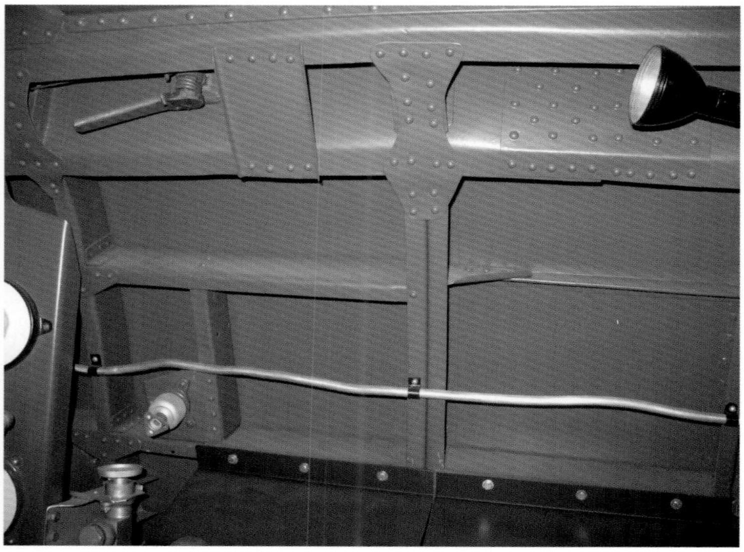

●操縦席右舷の艤装をみる。本ページ左列、上写真、２段目写真にも写っている赤いレバーは「応急脱出把手」と呼ばれるもので、被弾して落下傘降下をするときなどに90度後ろへ引くと風防がレールから解放されて脱出の邪魔にならないようにすることができた。機内色が塗られたレバーは「作動油手動ポンプ操作把手」。濃緑色の箱は配電盤。右ページ中段右写真は紫外線灯で、計器類に塗られた夜間塗料を浮かび上がらせる。黒いレバーが主脚の上げ下げレバー。

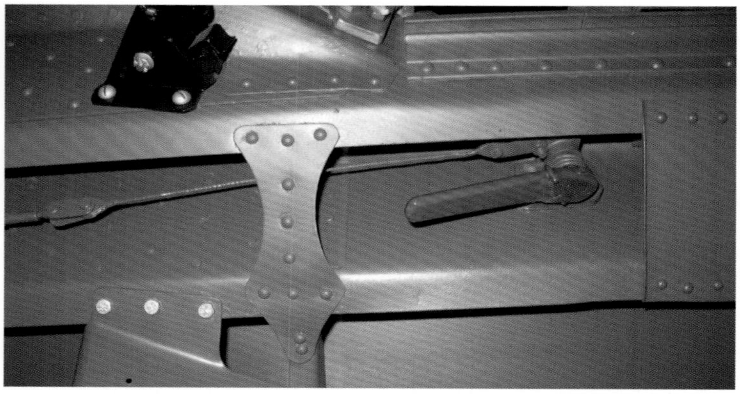

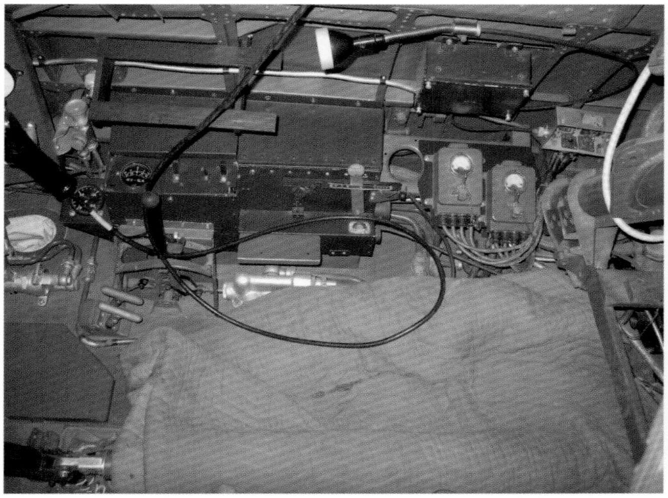

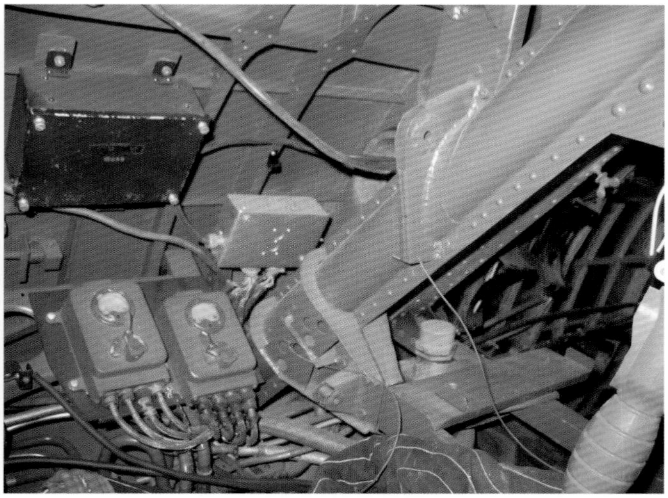

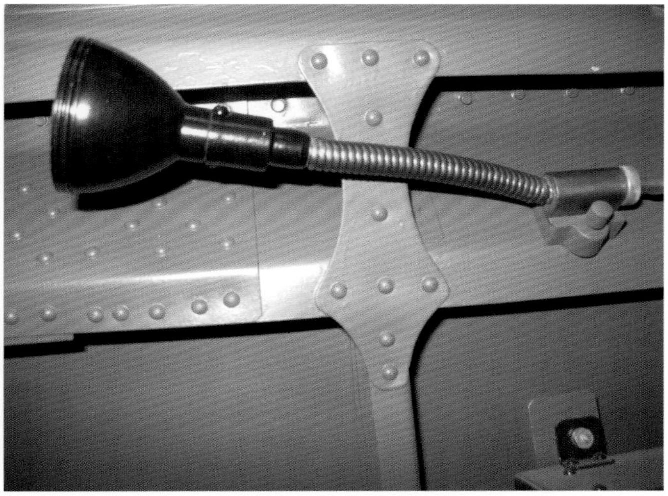

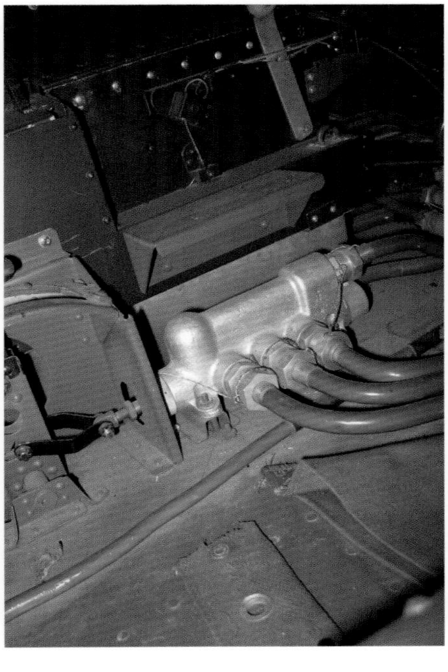

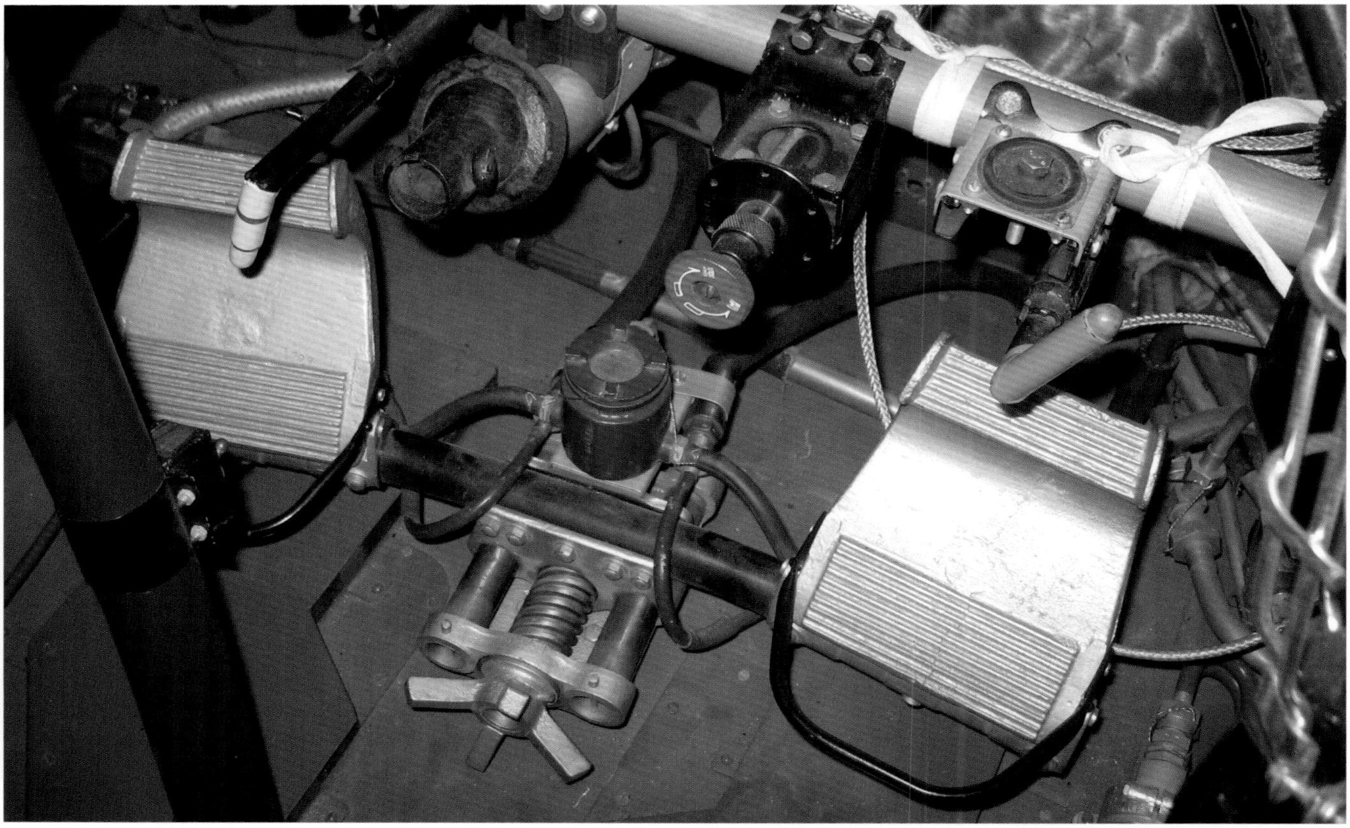

●方向舵を操作する「足踏桿（フットバー）」と、補助翼、昇降舵を操作する「操縦桿」。この床面はP39～P41で見た胴体タンク取り付け部の天井ということになる。「足踏桿」の位置は搭乗員の体格に合わせて手前のダイヤルで前後させることができた。床面のフットレストの形状も興味深い。操縦桿の根元の床には動作角度の制限が設けられている。なお、搭乗員が履く飛行靴の底はゴム製で、機体を傷つけないようになっていた。

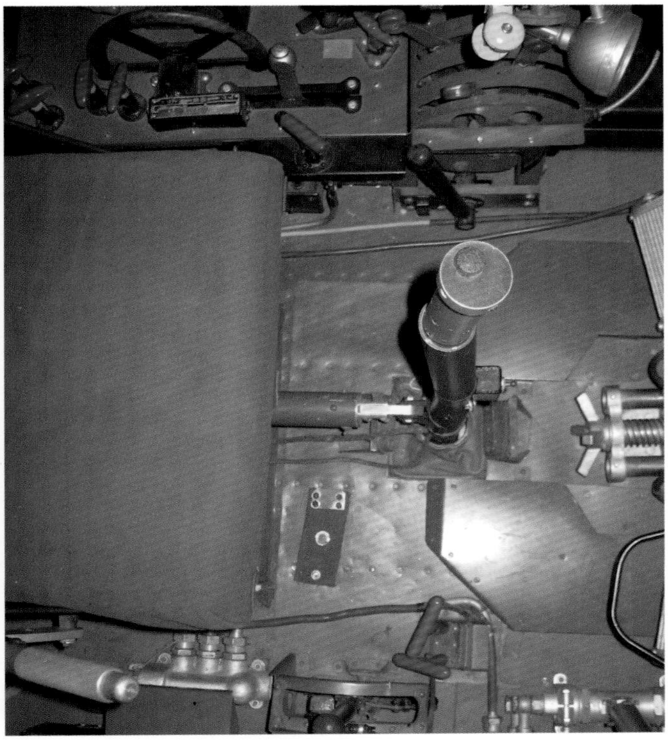

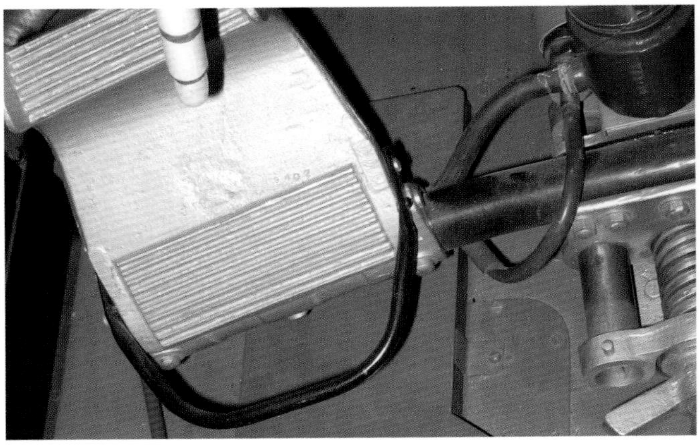

●紫電改の座席は大戦後半に登場した他の日本陸海軍機と同様に背負式落下傘を用いるタイプだ（写真で見える丸い穴の空いた部分から背もたれにかけて落下傘が収まる）。そのため、座面には厚手のクッションを乗せて使用するようになっていた。機体への取り付けは写真でも下側に見えている頑丈な取り付け支基（「取扱説明書」では「下部軸管」と記載）と、上部の白いステー（同じく「上部座席支持梃」）を「止栓」で取り付けることでなされる。離着陸時に便利なように座席は右側のレバーで簡単に上下170mmまでの調整ができるようになっていた。P62、P63では座席の底面、肩バンド、ならびに腰バンドの取り付け金具、座席上げ下げ用のゴム紐の取り付け要領をみていただきたい。

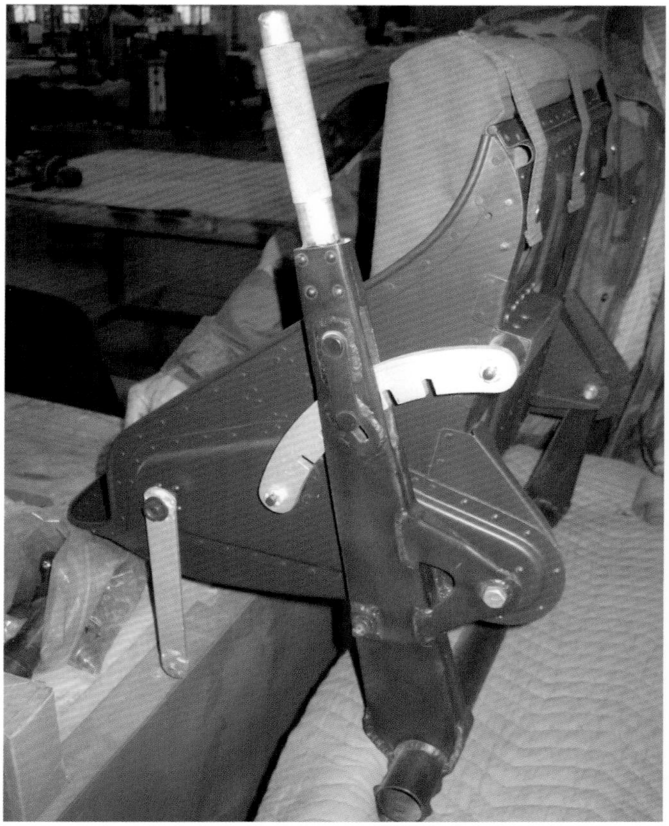

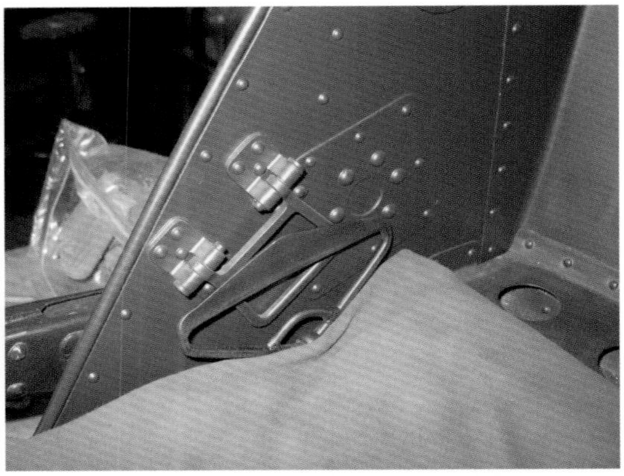

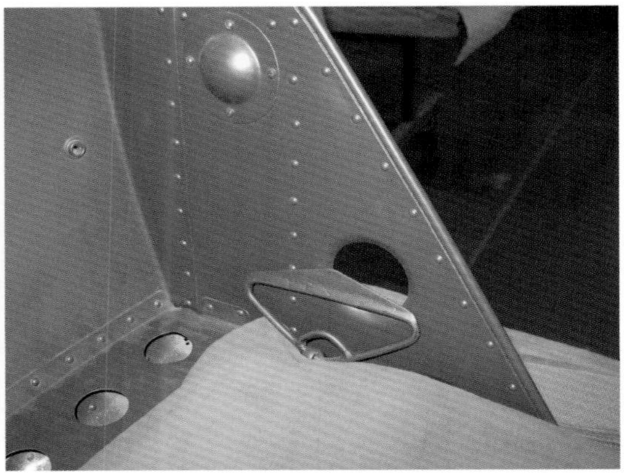

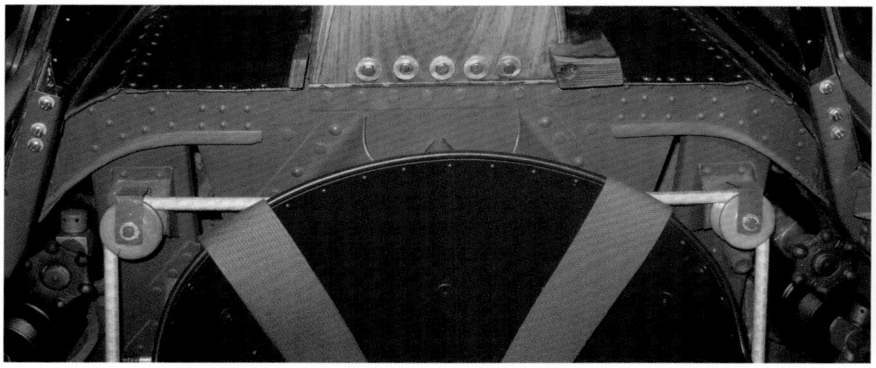

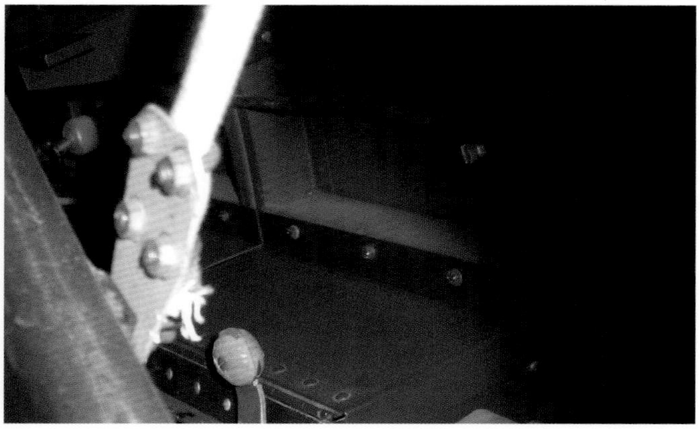

# 主翼上面

●本機の主翼の基本構造は母体となった強風、紫電一一型と同様だが、主脚の収納部や主翼機銃の搭載方法に違いが見られる。ここで掲げる写真は左主翼で、画面下方向が前。左下写真は主翼桁と主脚車輪収納部の上側で、涙滴状に空いた穴は「車輪開閉覆」の操作桿のクリアランス(P87も合わせて参照)。金具は胴体の「第1番肋材」との接合部だ。右下写真は胴体側の後縁にあたり、最終的にフィレットに隠れる部分には沈頭鋲ではなく、普通のリベットが使われているのがわかる(胴体もそうだった)。右ページは機銃点検孔、弾倉筒覆、補助翼の操縦運動桿やフラップ操作桿など点検窓を示したもの。最下段左は主脚付け根の頂部で、小さい穴から脚出標示棒が飛び出してくる。

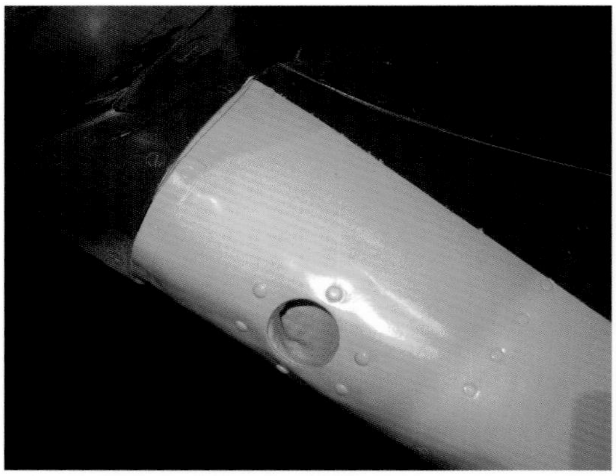

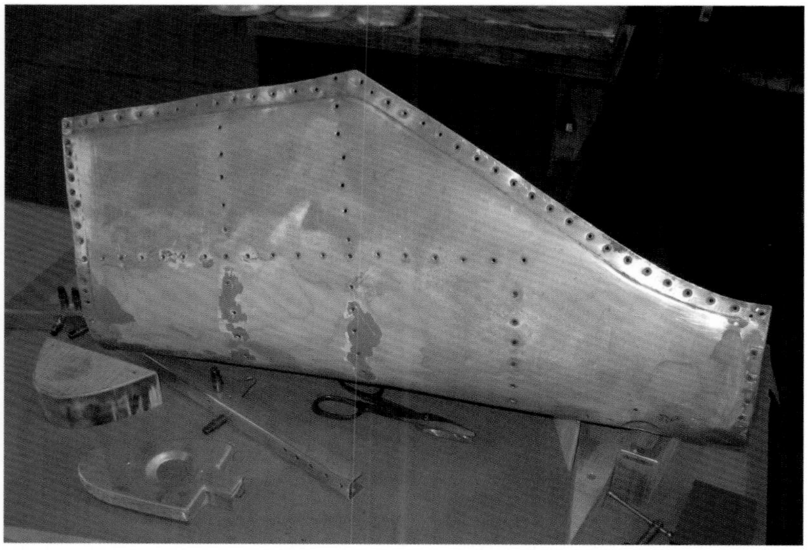

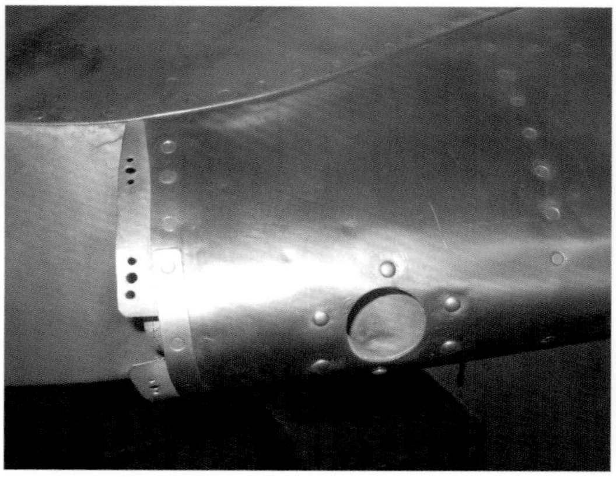

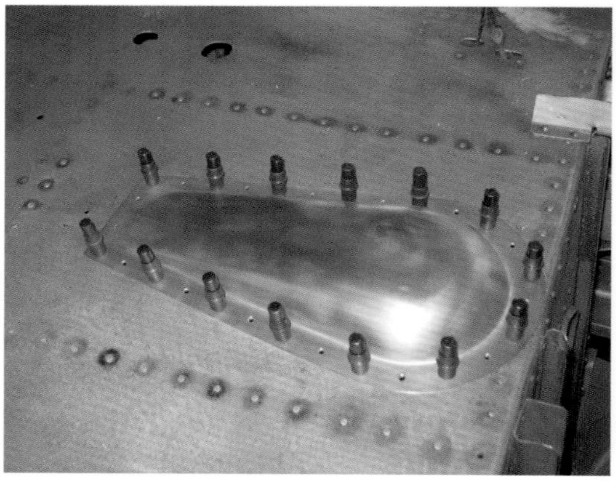

●左ページは主翼付け根の空気取り入れ口。最下段の左右写真の膨らみは主脚の開閉覆操作桿のクリアランス部分。右ページ、上写真は左主翼の20mm機銃点検孔の後ろ側に配された点検窓。右上写真は主翼燃料タンクのフューエルキャップ部、右写真は編隊灯のソケット部。右下２枚は補助翼操縦操作桿の点検窓である。左下写真はこれら各点検窓の覆いを取り付けた状態を掲げた。

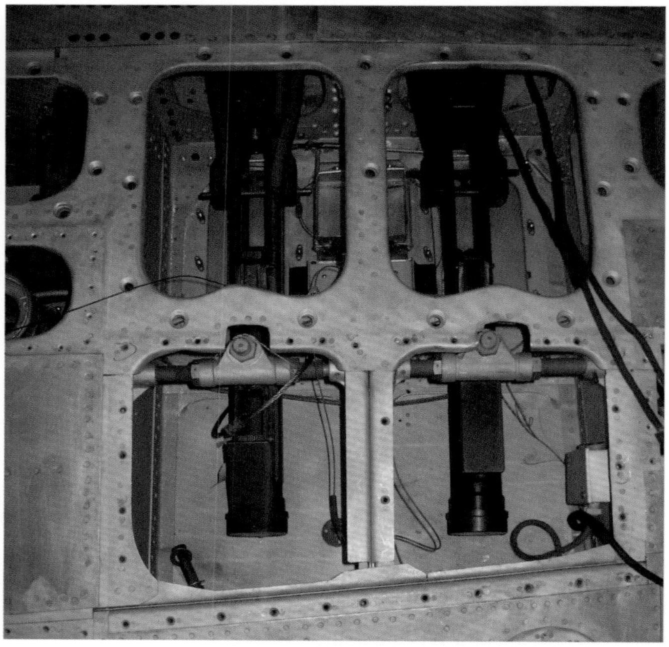

●左主翼の機銃搭載部。紫電改が搭載したのは「九九式二十粍二号固定機銃四型」と呼ばれる、オリジナルのエリコン機銃を長銃身化、ベルト給弾化したもので、2挺の機銃の左右に細長い箱状の弾倉が設置されている。上段の機銃を搭載していない状態と各写真を見比べていただきたい。２挺の機銃の間には撃ち殻放出筒が設けられている(右ページ中段)。

●主翼の20mm機銃を搭載する。外板やフェアリングを付けていない状態だと「二号銃」の長銃身の様子がより強調されるようだ。機銃は前縁から差し込むようにして主翼に搭載され、機関部で固定されている。20mm機銃の携行弾数は左右とも外側が250発、内側200発となっていた。右ページは機銃フェアリング部。下側には25番（250kg）爆弾用の振れ留めが一体化されている。

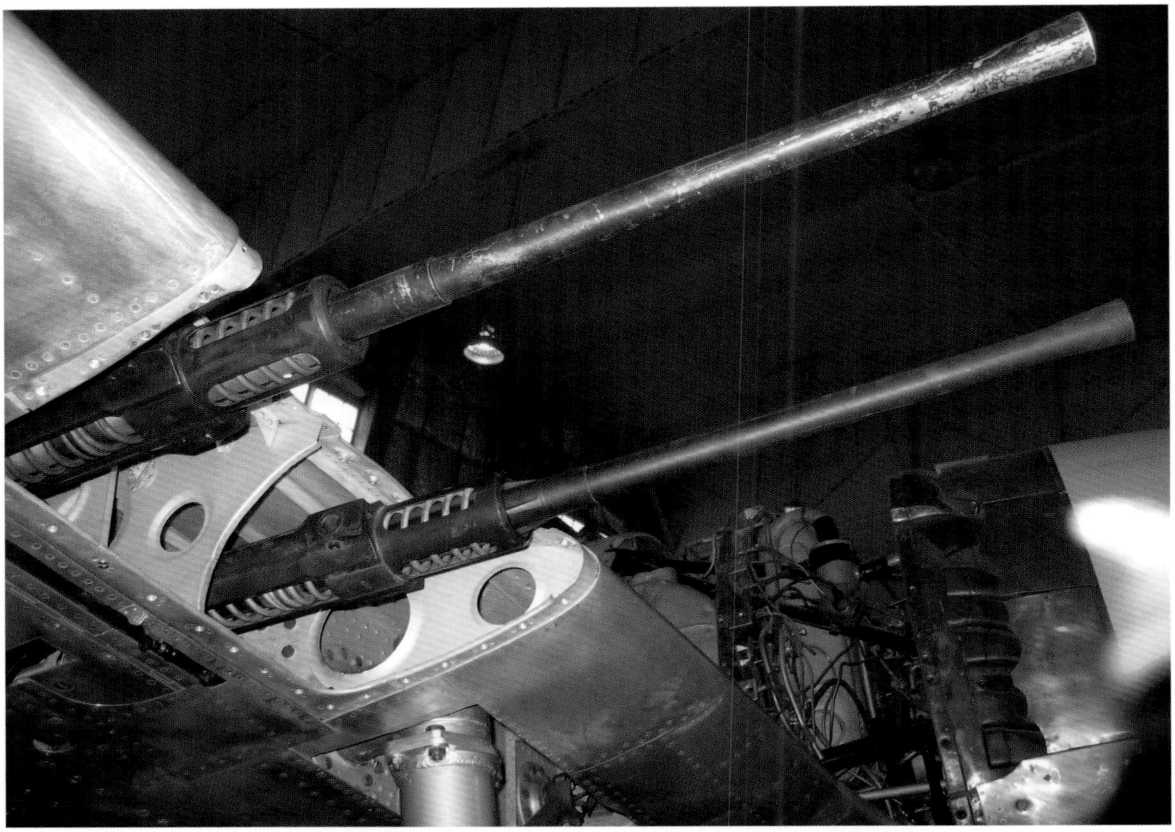

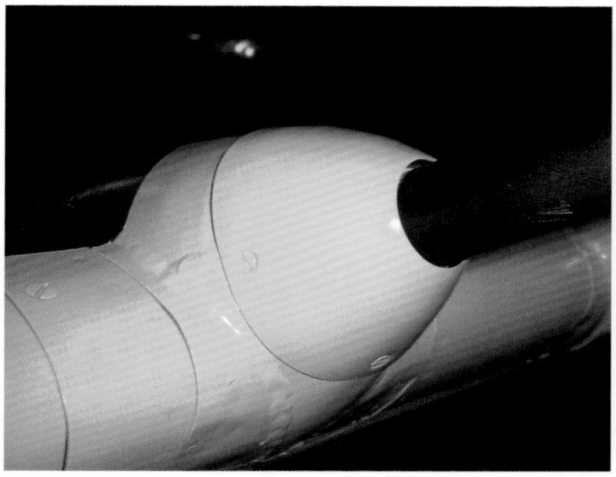

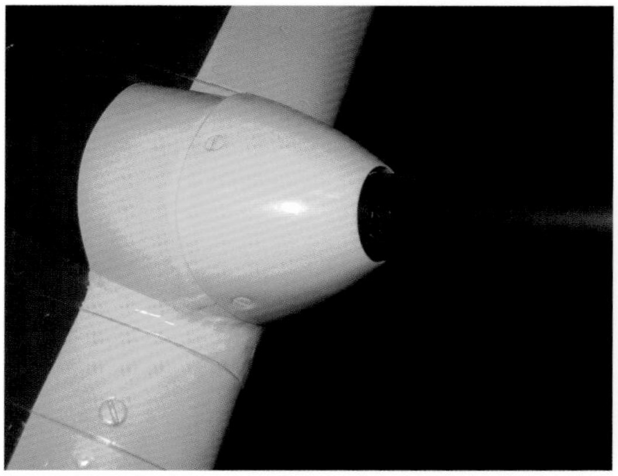

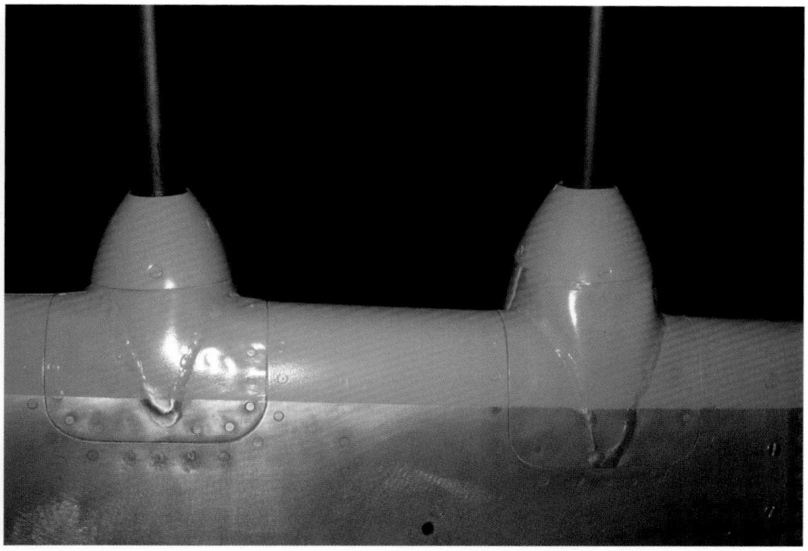

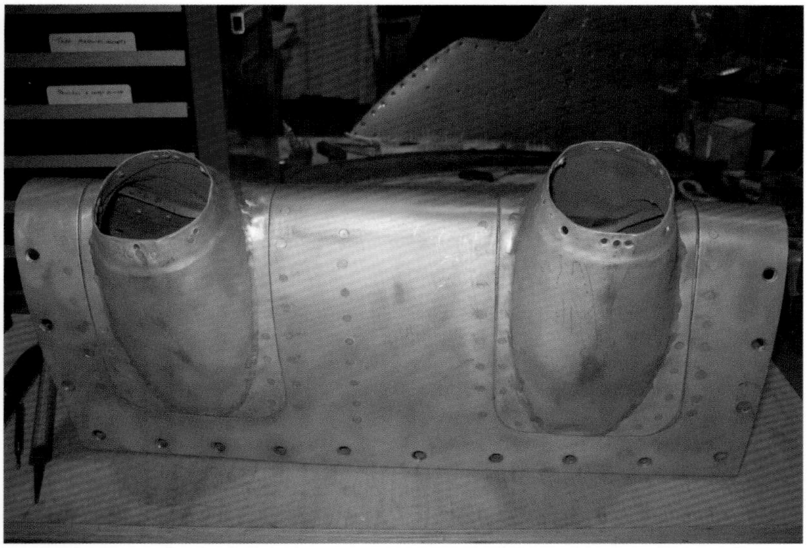

# 主翼下面

●ここからは主翼下面を見ていく。ここには補助翼やフラップ、翼タンクの取り付け部のほか、爆弾投下器などが設置されている（主脚格納部は別項で触れる）。左ページの上写真は左主翼の下面。右下はその翼端部で、画面上側に「補助翼結合金具」が見えている。下に見えるコードは翼端灯（「舷灯」）用である。左列2枚はは右主翼の翼断面を見たところ。

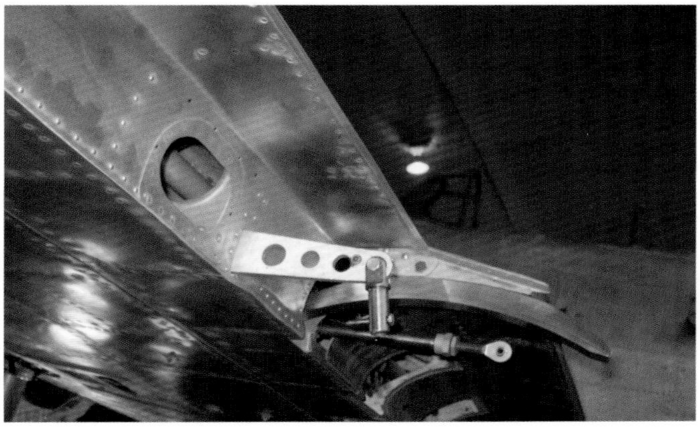
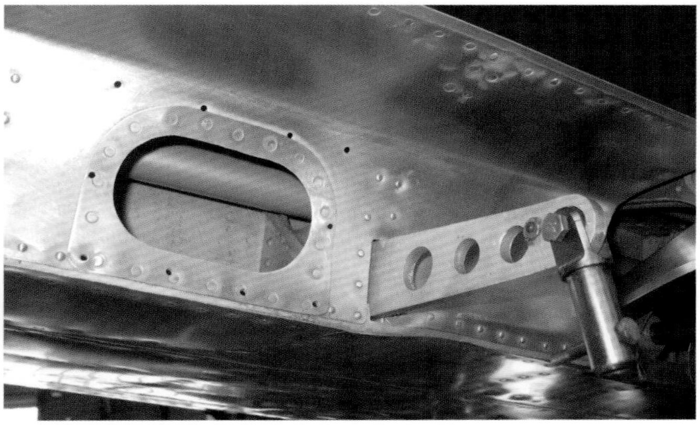

▲上4枚は左ページと同じく左主翼の動翼取り付け部を見たところ。左上写真は補助翼の真ん中、右上写真は胴体側の「補助翼結合金具」で、そのすぐ右にフラップの取り付け部とガイドレールが見えている。2段目はそれを横の角度からみたもので、主翼の上下で前後幅が違っている様子が見て取れる。補助翼の操作角度は上側に23度、下側へ21度となっていた。

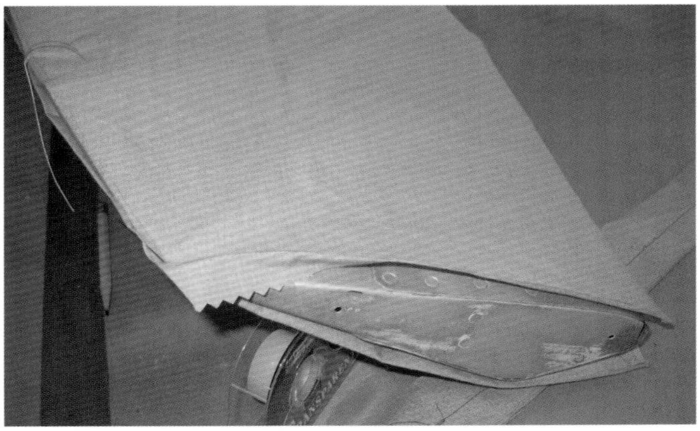

◀▼左写真は補助翼に羽布を貼っているところ。補助翼や昇降舵、方向舵の舵面は操舵を軽くするためもあって金属骨組みに羽布張りというのがスタンダードな仕様（ただし、およその機体は補助翼の前半部は金属函組構造をしていた）。これにドープと呼ばれる金属粉を混ぜ合わせた塗料を重ね塗りして強度を出している。下2枚は完成した補助翼。模型などでは羽布張りの部分を布由来の質感で表現しているものもあるが、実際にはピンピンに張って接着されているので、リブが見える程度の金属質感といったほうがよいようだ。右下写真は固定タブ部。

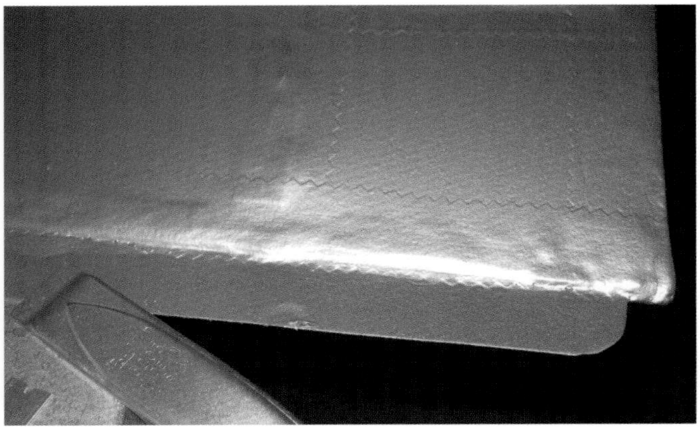

●左主翼下面、胴体側のフラップ取り付け部を見る。本ページ3段目左写真のようにここにさらにフラップのガイドレールが取り付けられる（ただし、写真では左右主翼が逆）。2段目左写真はフラップ取り付け部の真ん中だが、上の2つの四角い穴は「機銃点検孔」でフラップとは関係がない。3段目、および4段目左写真は右主翼のフラップ取り付け部で、「軌條（ガイドレール）」がだいぶ曲線を描いているのが興味深い。3段目左写真ではフラップ作動用の油圧筒が見えている（フラップの左右両側にある）。4段目右写真はフラップの下面を見たもの。この写真では小フラップが可動しているが、空戦フラップの導入により紫電改量産機では固定されていた。

●右ページはフラップの胴体側、主翼側の取り付け金具とその周辺を撮影したもの。フラップについた2つの金具は「滑動部金具」と呼ばれるもの。ここへ取りつけた「滑動腕コロ」が「軌條」を滑ることにより、スムーズに作動するようになっている。その隣、一段へこんだ部分が、本来は小フラップの作動桿が貫通するところだった。

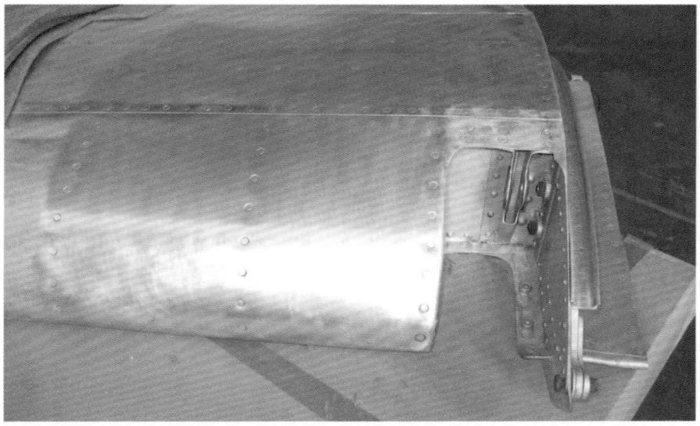

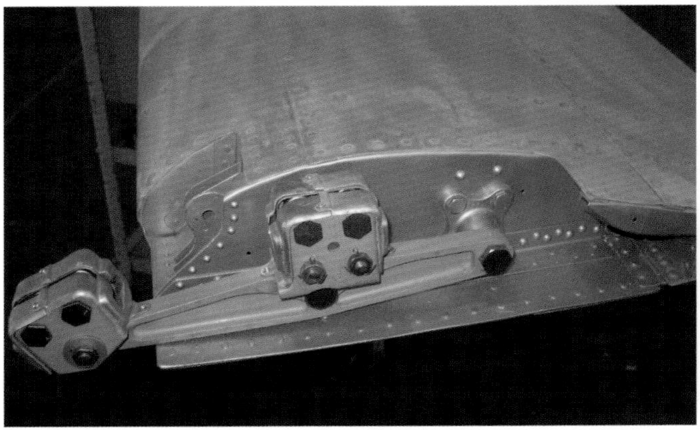

●主翼下面に設けられた「打殻放出筒（薬莢や保弾子を排出するところ）」と爆弾懸吊器。爆弾懸吊器は零戦などとはまた違った要領で、あらかじめ主翼に作りつけられている。川西第5100号までの紫電改は垂直安定板が大きく紫電二一型と、それ以降の機体は安定板が小さくなって、かつ主翼に25番爆弾（250kg爆弾）を搭載できるようになり、紫電二一甲型と分類される。だから川西第5312号は後者ということになる。本ページ上段左写真は各部を組み付けた状態で、ここでは写っていないが、「機銃出入口覆（機銃の飛び出る主翼前縁の外板）」の下に250kg爆弾の前部用の振れ留めがある（P71参照）。右列は爆弾懸吊架、ならびに「打殻放出筒」が付く部分。左下は主翼下面外板と一体になった「打殻放出筒」パーツ。右ページは主翼外側の懸吊架と本体。それから外側にはハッチとなるようなものがなく、左翼翼端の手前にはピトー管が付く。

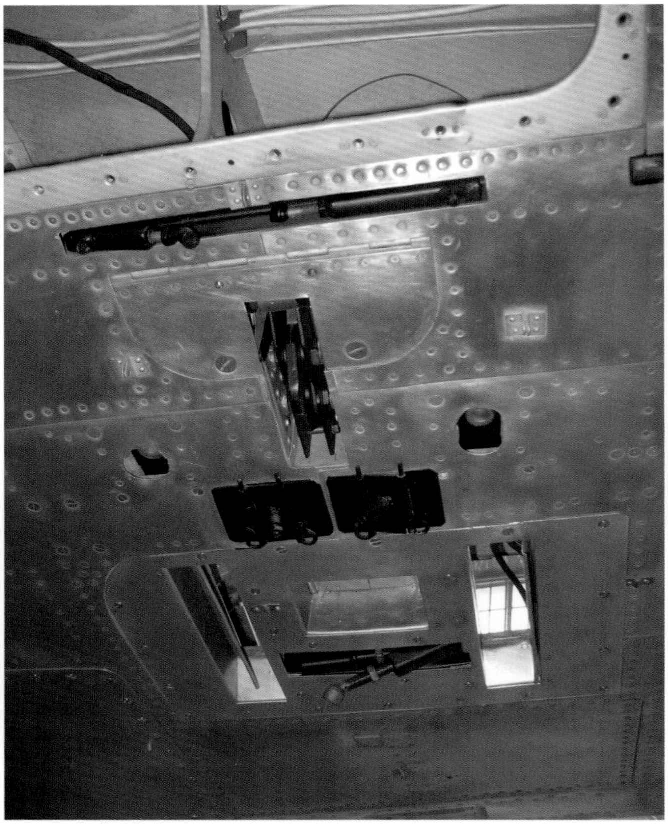

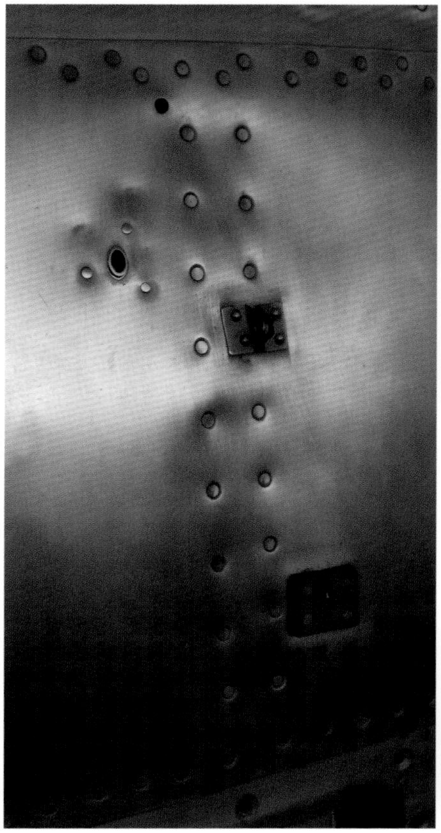

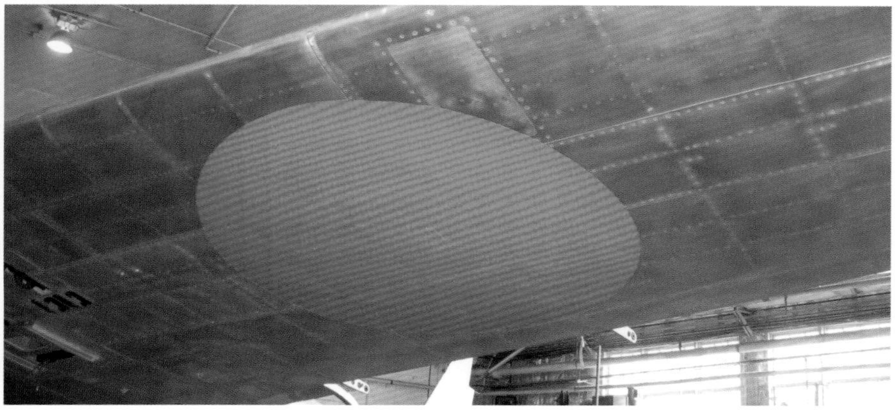

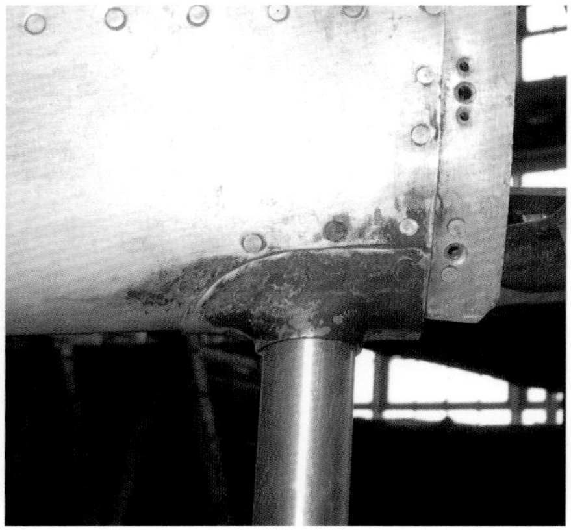

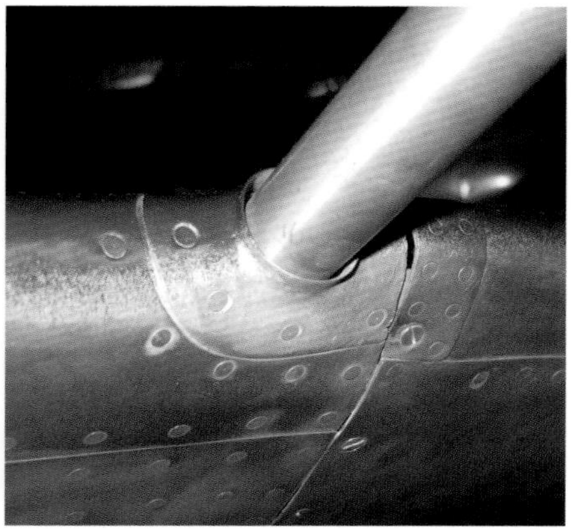

●主翼下面に設けられた翼内タンクとその取り付け部。翼内タンクは主翼前部の主桁と中央やや後ろの補助桁の間に設けられているので「取扱説明書」には「桁間タンク」とも記載されている。主翼の燃料タンクも防弾ゴムで被覆された「防漏タンク」となっている。主翼下面、燃料タンクの収まる部分に這っている配管は燃料タンクの燃料計や自動消火装置の炭酸ガス用。中段写真で見えている燃料タンクは天地が逆になっており、白い「口」は燃料切り替えコックへのパイプがつくところ。左写真の右側に写っているタンクから、給油口となる銀色のパイプが見えている。

●右ページは主翼主桁を角度を変えてみたもの。上段写真では奥が機首、手前が尾翼の方向となる。紫電改の主翼は左右分割式で、この付け根部分の主桁で1つに接合され、曲げモーメントなどは全てこの主桁1本で吸収した。その無骨さたるや日本最強戦闘機の名に恥じない作りともいえよう。右ページ中段写真右は機首側から主桁をみたところ。この左右に主脚が収納される。左下写真では主桁の結合部に取り付けられた増槽懸吊鈎を見ることができる。

●作業中、ならびに完成した後の「主翼翼端部」。翼端は8mmの皿ネジを使ってまず主桁の上下に設けられた金具（P72写真参照）に接合し、皿小ネジを使って全周を主翼と結合するようになっていた。外板は0.5mm厚のSDCH材である。艦艇と同じように右主翼の翼端に緑色の翼端灯が、左側に赤い翼端灯が着く。陸軍機の翼端灯が主翼の上下面へ突き出るように設置されていたのとは違い、海軍機の場合は前方からしか視認できないようになっている。これはやはり一般船舶や海軍艦艇の規定と同様、左右125度以上後方の角度からは視認できないようにするためで、海軍で翼端灯を「舷灯」と称するゆえんはここにある。なお、翼端灯のクリアカバーは整備の都合でマイナスドライバーが1本あれば簡単に外れるように工夫されている。

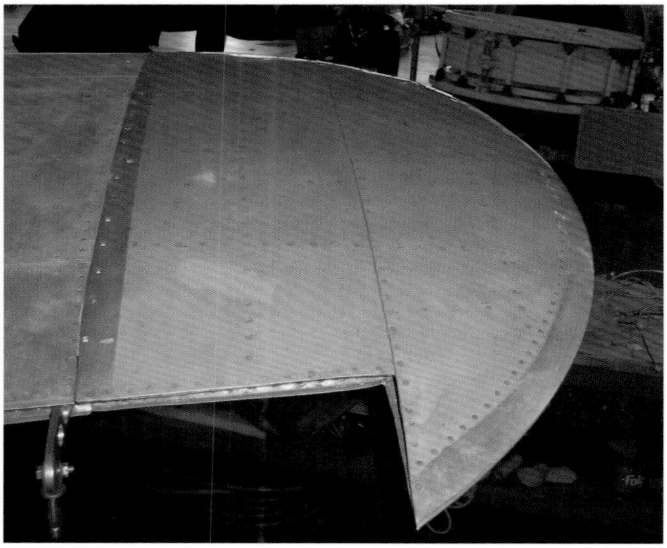

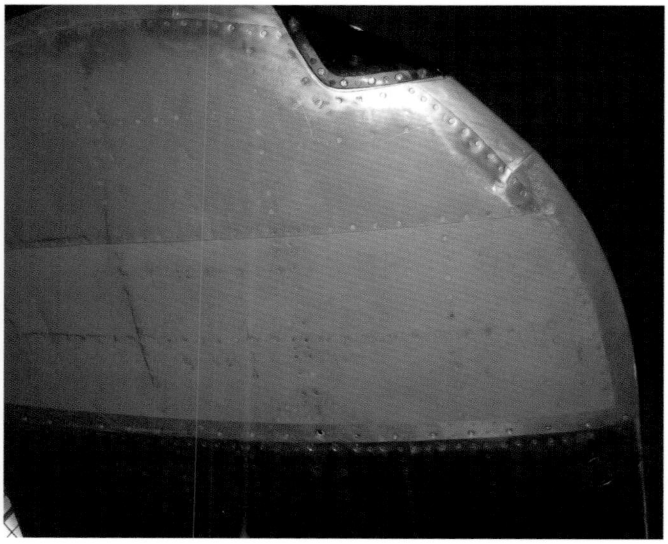

# 主脚

●ここからは主脚とその収納部をみていく。ご存じの通り本機の主脚は前身となった紫電一一型の欠点を大きく改善したもので、構造も至ってシンプルなものとなっている。「取扱説明書」には脚柱本体を「緩衝脚柱」と、脚カバーは「緩衝脚柱覆」、斜めの支柱はそのまま「斜支柱」と記載されている。主車輪のハブに付いている金具は胴体側の「脚開閉覆」を閉じるためのもの。

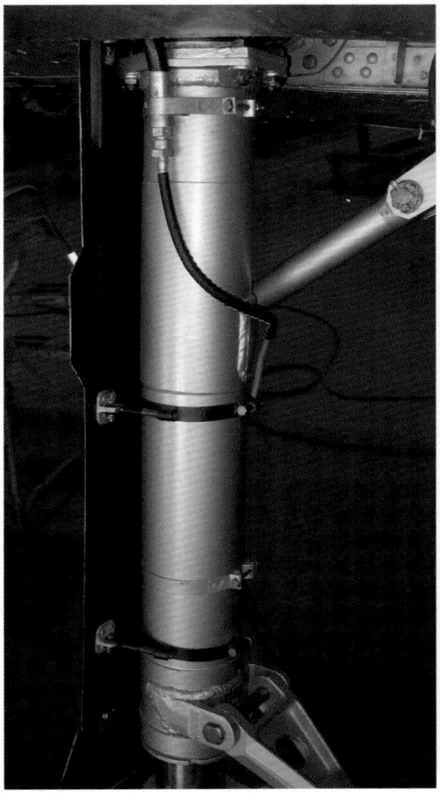

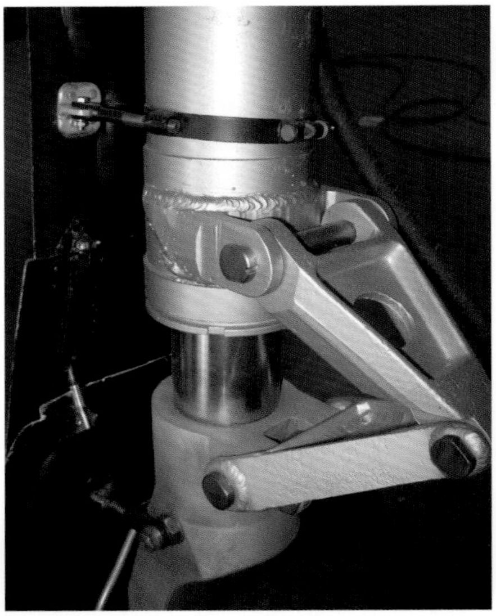

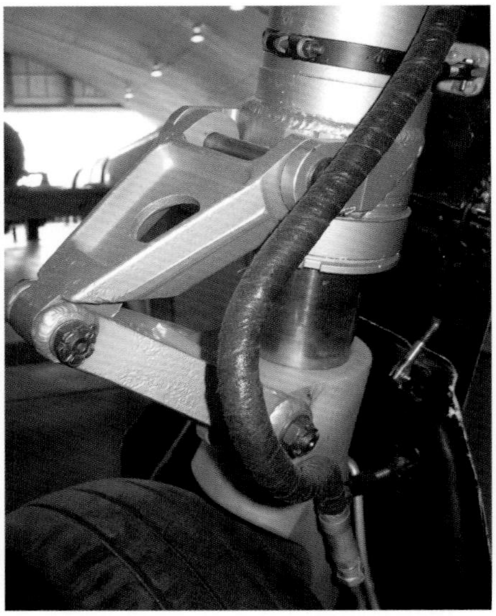

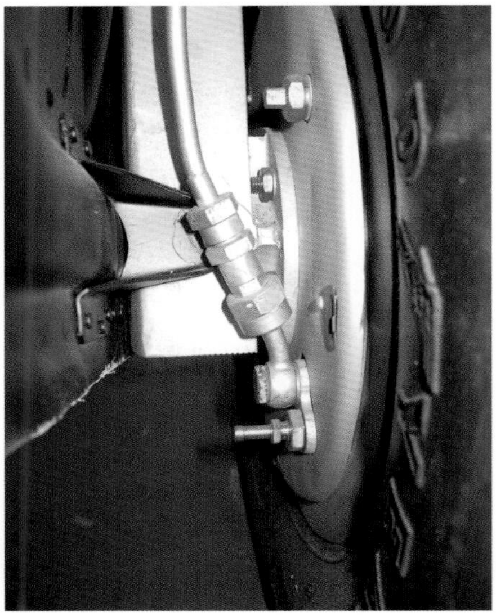

●左ページは主脚の各部を拡大したもので、とくにブレーキパイプの這い方がわかるように右主脚を裏表から見てみた。ジョイントの各部でパイプの太さが変わる様子など、P81写真と併せてご覧いただきたい。なお、紫電改の左右車輪の間（中心から中心まで）は3m855.4mmとなっていた。最下段中央の写真では主車輪フォークの下が平らに、かつ四角く滑り止め加工されている様子がわかる。これはここがタイヤ交換などの際のジャッキアップポイントとなっているため。

●右ページは「緩衝脚柱」と主車輪のホイール部。シンプルなデザインの様子がよくわかる。ブレーキはいわゆる「ドラムブレーキ」と呼ばれるもの（現代の自動車ではディスクブレーキが主流）。ブレーキシューをホイール側に押し付けて制動するものだったが。張り付いてしまう“噛みつき”と呼ばれる現象がまま見られた。最下段左はホイールカバーを外した状態の車輪。右は「胴体脚覆」を押し上げる金具。

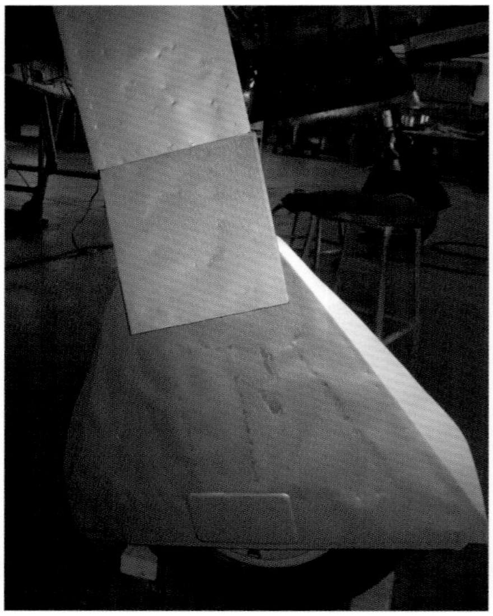

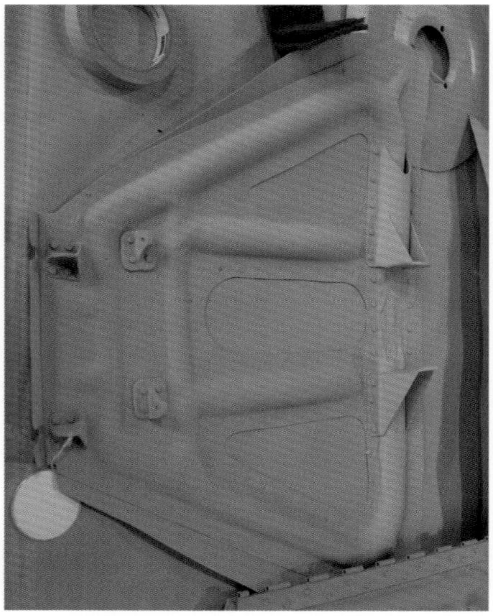

●「緩衝脚柱覆」こと主脚カバーは復元にあたり全面的に新造された。中段右写真ではオリジナルの脚カバーを採寸、ほぼコピーする形で作り直している様子がうかがい知れる。脚カバーをはじめとする本機の機体下面は無塗装ジュラルミン地というのが本来だが、高価なジュラルミンは使用できなかったため、サーフェイサーを塗布したのち表側は銀塗装で仕上げられている（裏側は黒）。下段写真は車輪カバーと「緩衝脚柱覆」のかぶさる部分を示したもの。

●右ページからは主脚の収納部を見ていく。上段の2枚は「車輪開閉覆」と呼ばれる胴体側の車輪カバーを組み付けた状態で、黄土色に塗られた主翼桁が収納部の一部を構成しているのが見て取れる。「車輪開閉覆」はバネで引っ張られているので（中段右写真を参照）、主脚が降りれば自動的に開く（格納の時は主車輪でアームが押し上げられる）。

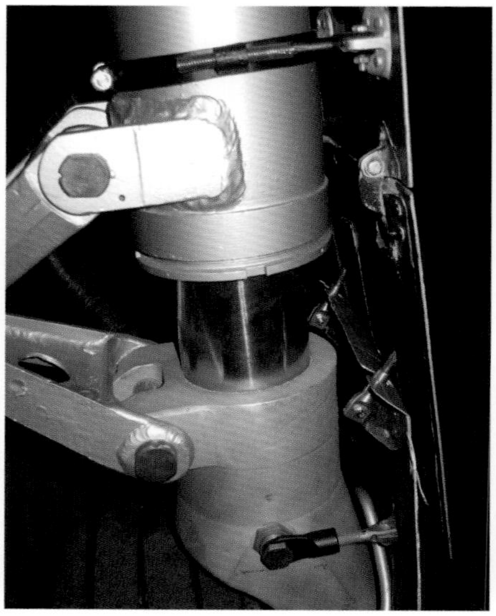

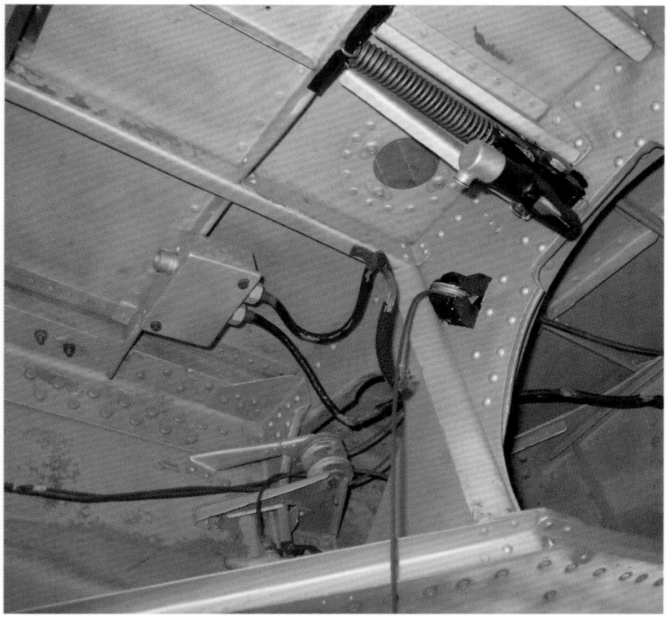

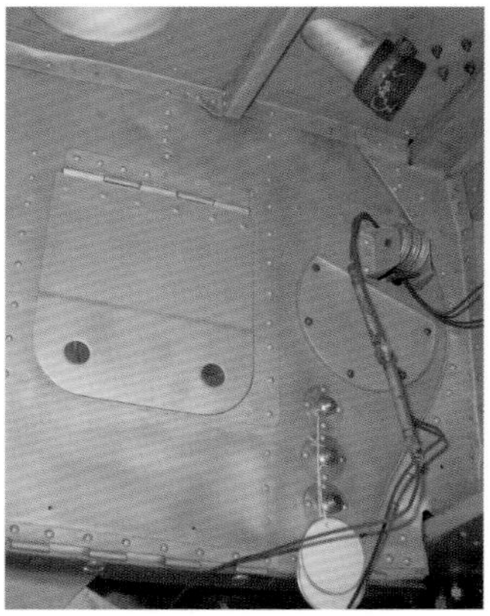

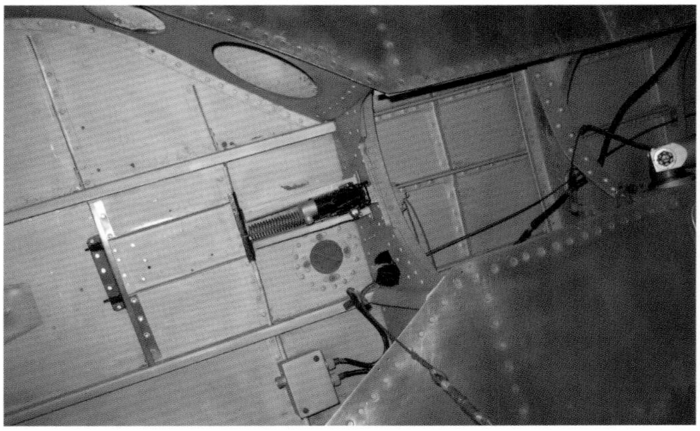

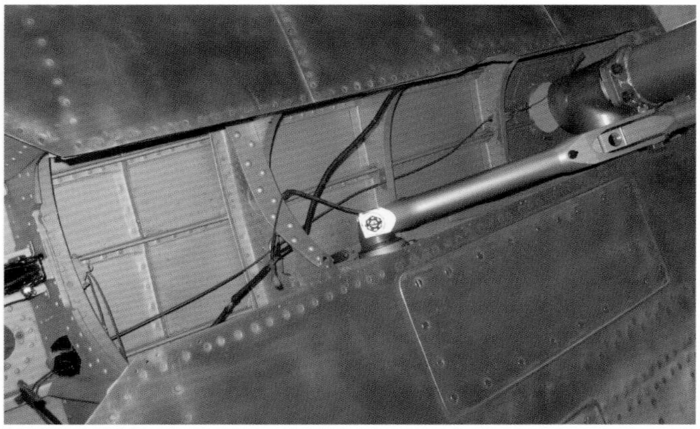

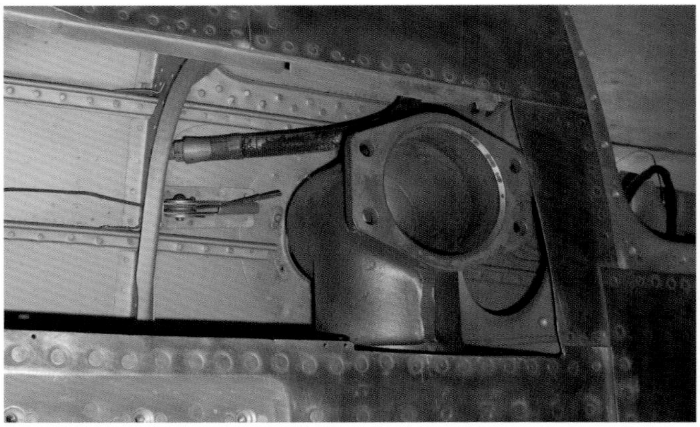

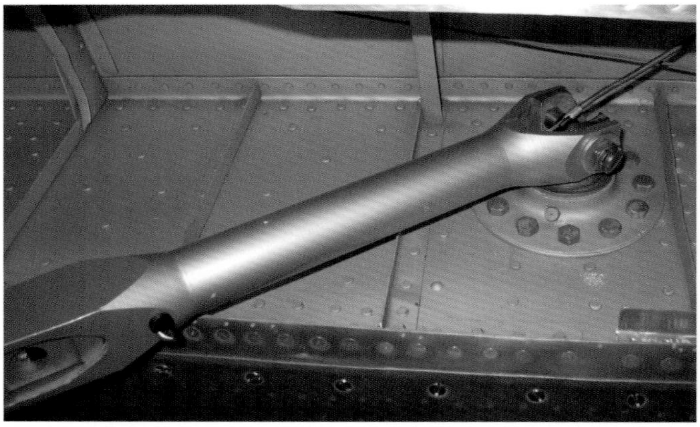

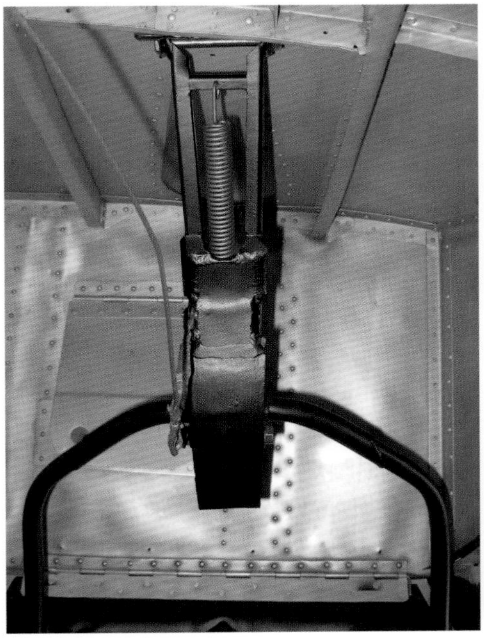

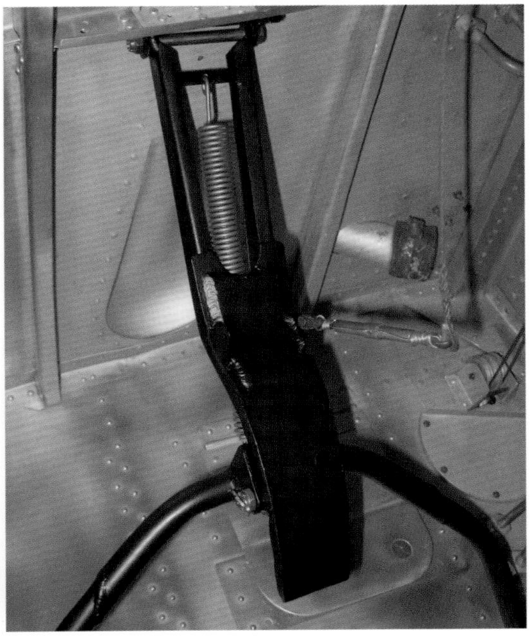

●左ページ上段は「緩衝脚柱」と接続される主翼側の「回転軸」先端部分で、写真上が機首方向。両者は4本のボルトでがっちりと固定される。黒いパイプはブレーキの油圧用（主脚を這っていくもの）。中段、ならびに下段写真は「斜支柱」の折りたたみ部と脚収納部側の取り付け部。

●本ページは「車輪開閉覆」の表裏と操作桿に注目したもの。カバーは平板ではなく、機体下面ラインに合わせて絶妙に角度がついていることがわかる。胴体との接合は蝶番で、支柱を引き抜けばすぐに外れるようになっている。P64やP66で見たのがこの上側になる部分で、操作桿のクリアランスがどのように効力を発揮しているかがお分りいただけるはず。

# 垂直尾翼&水平尾翼

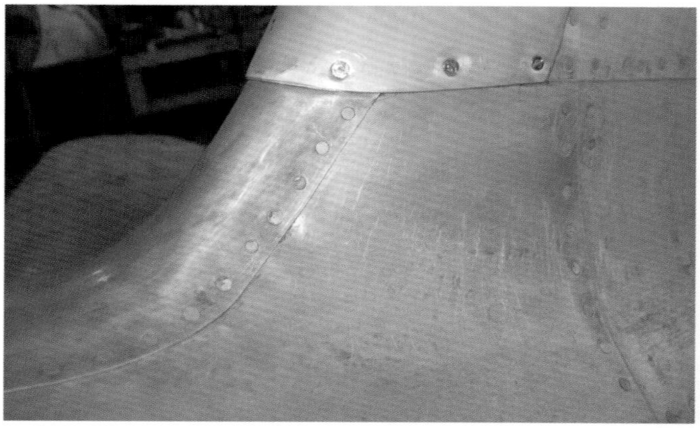

尾翼周辺

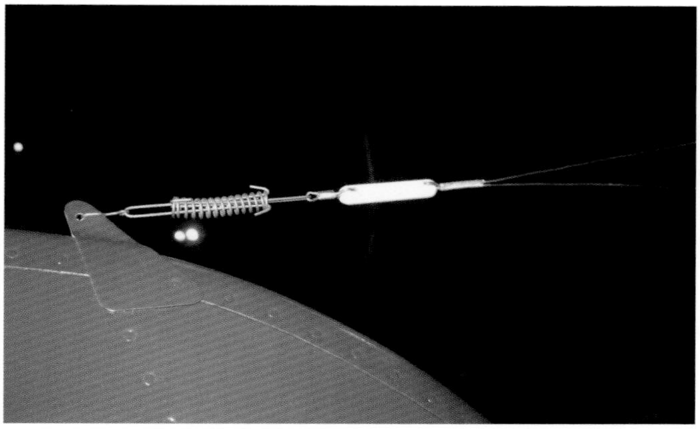

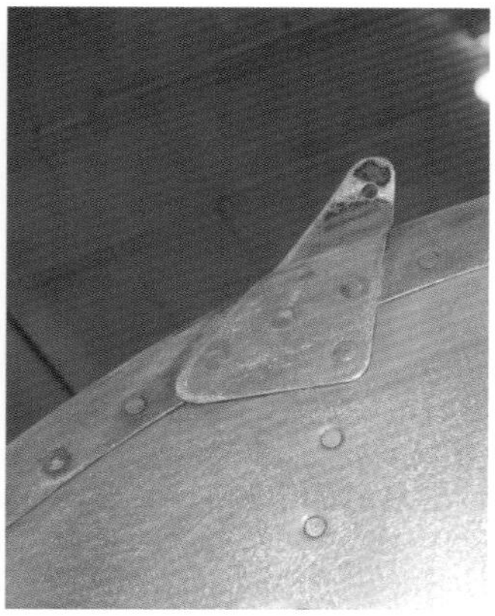

●一般的に垂直尾翼と呼ばれる部分は胴体と一体になった「垂直安定板」と動翼である「方向舵」で構成されている。紫電改の「垂直安定板」は川西第5100号（通算100号機）までは前縁部の面積が大きかったが、安定性にあまり影響はないとして川西第5101号機以降は面積が減少している。川西第5312号機は後者にあたる機体。方向舵には「紫電二一型川西第5351號」とステンシルされているが、空軍博物館の収蔵品としては「5312」の製造番号で登録されている（P94参照）。左ページは「垂直安定板」の各部を見たもの。右ページ上段はその頂部に設けられた無線空中線の取付金具。操縦席後方の「無線空中線支柱」から伸びたアンテナ線が碍子を介して折り返され、「無線空中線支柱」の基部へ向かっている。なお、紫電改が搭載した無線機は「三式空一号無線送受信機」であった。

▼▶右ページ２段目から下は方向舵の操作桿とそのフェアリング、水平尾翼を構成する水平安定板、および昇降舵の取付部を見たもの。4段目左は方向舵の修正タブの操作桿で、これは右舷にしかない。

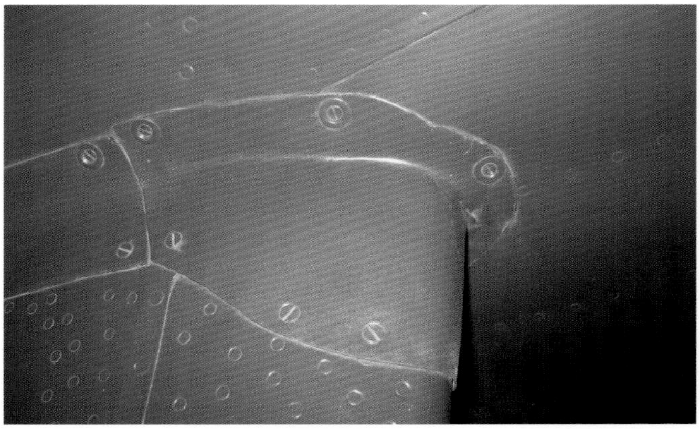

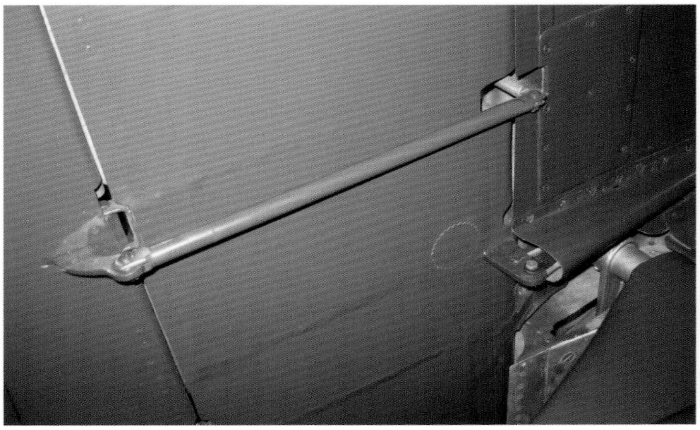

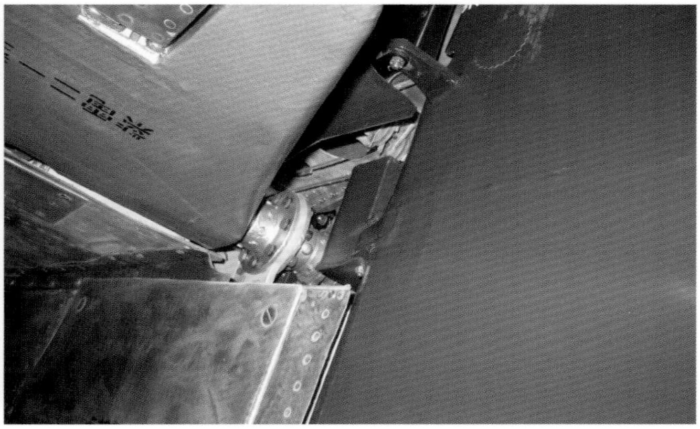

▼▶P34からの胴体内装ページを思い浮かべながら、胴体後端となる尾翼の取付部を見ていこう。右写真は「水平安定板」周辺の胴体。「水平安定板」は胴体と別構造で、後ろ側から差し込まれるようにして装着され、左右4カ所をボルトで留めて固定される。2段目、3段目は「水平安定板」に「昇降舵」を装着した状態。胴体内部を通った操作ワイヤーはこの金具に結合されて昇降舵を上下させる。3段目右写真で上に見えている右へ伸びる棒は方向舵の修正タブ操作桿。

●右ページ上段は方向舵の下端と上端を見たもの。下端の切り欠きは尾灯の付く部分で、電球のソケットが見えている。上端にある金属部はマスバランス（カウンターウェイト）となる部分。普段は隠れていてわからないが、意外と方向舵も金属部分が多いことがわかる。２段目、3段目は尾脚とその周辺。紫電改の尾脚は油圧により揚降される。大戦後半になると工程簡略化のため艦攻や艦爆では尾脚を固定化する動きが見られたが、速度を速度を第一義とする戦闘機では見送られた。ところが、本機の操縦席右副計器板の脚表示灯の尾脚の部分にはランプに「固」「定」と書かれており、固定して使用されていたのかもしれない。尾輪は直径200mm、幅75mmで、本体はアルミニウム製、タイヤはソリッド式であった。なお、尾輪は左右45度の範囲までは「求心装置（制限装置）」により常に首尾線方向（０度）を保つように力が働き、それ以上の角度になると自動的に制限が外れて360度回転するしくみになっていた。

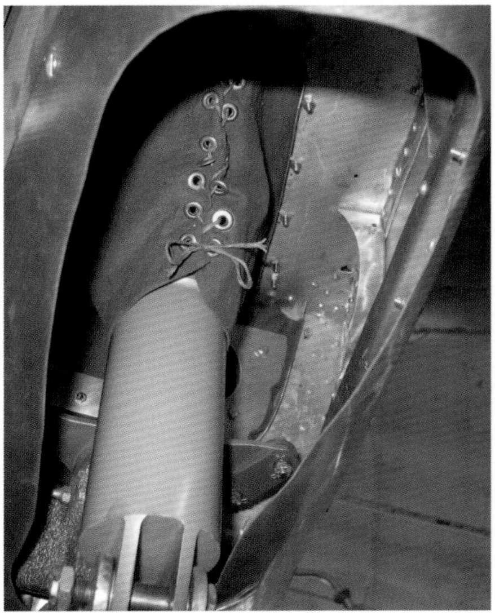

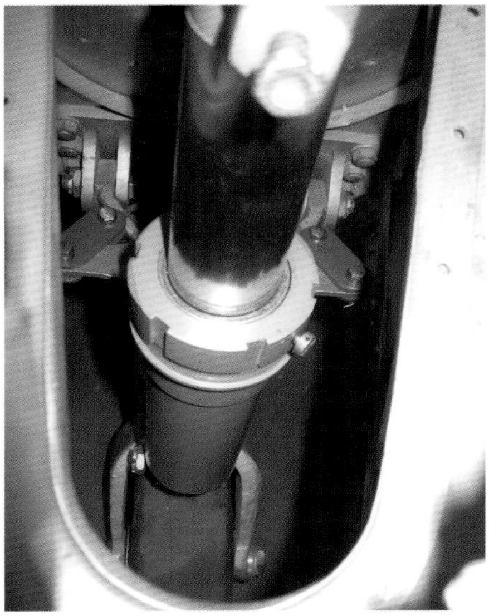

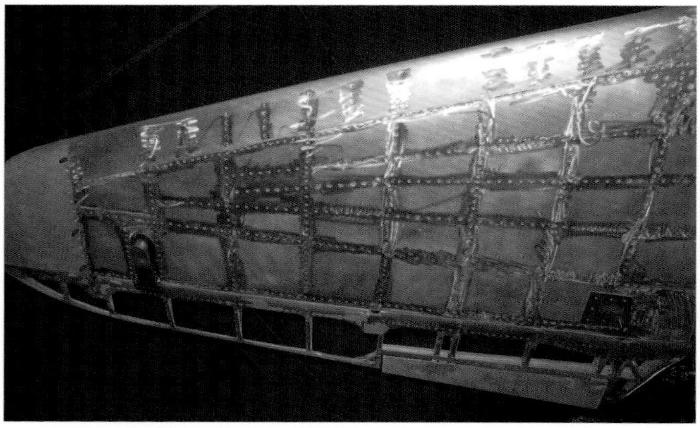

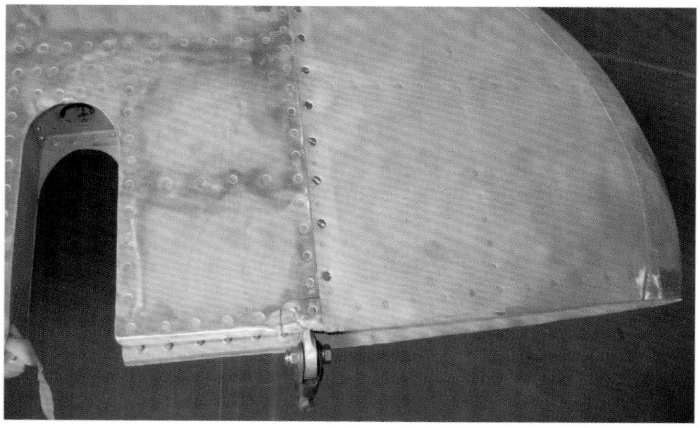

●水平尾翼の各部を見る。「水平安定板」は先述のように4本のボルトで胴体と接合されたあと、2段目右写真に見られるように「整流板」を皿ネジで止めることで平滑につなげるようになっている。右ページは昇降舵で、やはり舵面は羽布張り。2段目左写真は修正タブの付く切り欠きである。昇降舵は左右別々に組み立てたあと1本に結合されて水平安定板へ組み付けられる。舵角は上側が34度、下側が27度だった。本ページ中段左、3段目右、ならびに右ページ4段目右の写真はマスバランスとその切り欠き部分。

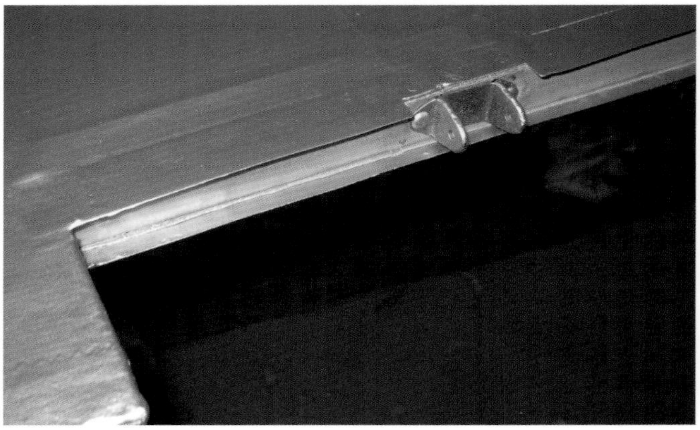

# 参考　アメリカ空軍博物館の紫電改の製造番号は5312？ 5351？

本書の主人公である「紫電改」〔川西第5312号〕は、なぜか機体銘板や動翼、ハッチの一部に記載されるステンシルに〔川西第5351號〕という製造番号を用いている。

P6でも触れたように、終戦直後にTAIUによって収集さ、アメリカ本土へ渡った4機の「紫電改」の製造番号は〔71〕〔533〕〔5218〕〔5341〕と記録されている。いずれも「紫電二一甲型」で、このうち、「5」の接頭数字をつけたものが鳴尾製作所製。〔5218〕はペンサコーラ海軍航空基地にある国立海軍航空博物館所蔵の機体、〔5341〕は国立スミソニアン博物館の航空宇宙博物館別館、スティーブン・F・ウドヴァーヘイジー・センター所蔵の機体である。また〔71〕という数字が正しいとすると接頭数字を「7」とする姫路製作所製の生産1号機ということになるが、状況的にこの可能性は薄く、原簿の誤記、あるいは昭和飛行機製とも考えられる。これがただ1機スクラップになった機体であろう。

残る〔533〕が空軍博物館の「紫電改」と推測されるが、この番号自体もそのままでは鳴尾製作所製造の紫電二一型の通算33番目の機体ということになり、〔5312号〕の特徴と見比べてみても信用性が疑わしい（〔5312〕は間違いなく紫電二一甲型）。

本書の製作にあたり、撮影者のマイケル・フレッチャー氏が同博物館に改めて問い合わせたところ、次のような回答を得たという。

「我が博物館の『ジョージ（紫電・紫電改のアメリカ側コードネーム。ここでは紫電改のこと）』には4つのシリアル番号が記載されています。このうち〔5312〕は、水平尾翼の下の両方のアクセスパネルの内側に手描きで描かれており、博物館ではこれを正式なシリアル番号の根拠として記録しています」

「ほかにも翼の下側から取られた〔5353〕と書かれたデータプレートがあります。また、以前の調査で、ホイールウェルの下面に〔5386〕と〔5378〕という番号が見つかっています（残念ながらこの金属パーツは交換され、もはや存在しません）。 これらの4つの数値はすべて、N1K2-Ja（紫電二一甲型）のシリアル番号と合致しています」

冒頭で紹介したようにTAIUによって飛行機の収集が命じられた時には程度の良い機体によその機体のパーツを取り付けてようやく完品にした経緯があった。色々な製造番号のパーツが使われていた方が、至極当然ということになる。

こうした状況から（博物館側の公式見解も踏まえて）、本書では一貫して〔川西第5312号〕と表記して紹介している。■

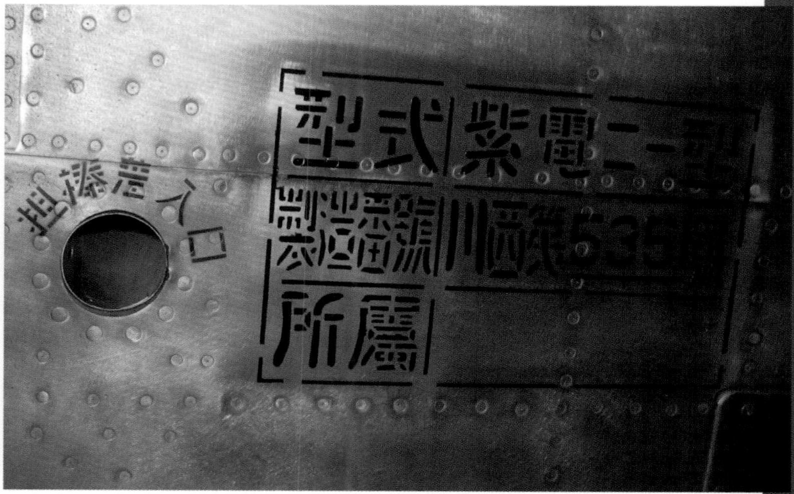


▲アメリカ空軍博物館の所蔵する「紫電改」には製造番号が〔川西第5351號〕と表記されている。そのレストアでは機体各部からさまざまな製造番号を明記したパーツが見つかっており、このうち、水平尾翼の下に位置するアクセスパネルに書かれていた〔川西第5312号〕が収蔵品としての正式な製造番号として登録されているという。

▲レストア作業を手伝うマイケル・フレッチャー氏(2007年撮影)

【撮影者紹介】

## マイケル・フレッチャー Michael Ffletcher

1962年、カリフォルニア州サンフランシスコ生まれ。

1984年、カリフォルニア州立工科大学を卒業、理学士号取得。マサチューセッツ工科大学(MIT)へ進み、1986年に航空宇宙工学の修士号を取得。ノースロップ・コーポレーション(現ノースロップ・グラマン)を経て、1990年に研究者としてアメリカ航空宇宙局(NASA)職員となる。

NASAでは、航空技術および科学プロジェクトの研究開発をリードする研究者、およびプロジェクトマネージャーとしての地位にある。2016年から1年間、マンスフィールドフェローとして日本で過ごし、日本の文部科学省、JAXA、および日本の航空宇宙政策を担当する他の政府機関などと交流した。2017年にNASAに戻り、最近はワシントンD.C.にあるNASAの航空宇宙研究ミッション局の副チーフエンジニアに任命されて活躍している。

また母国アメリカだけでなく世界各国のレシプロ機(とくに第二次世界大戦の太平洋空戦)を愛し、飛行機モデラーとしての腕はプロ顔負け。また、日本人顔負けの日本通ともいえ、一男一女のよき父でもある。

Michael Fletcher was born in San Francisco, CA in 1962. He graduated from the California State Polytechnic University with a BS in Aerospace Engineering (1984) and then went on to Massachusetts Institute of Technology and received an MS degree, also in Aerospace Engineering (1986). He worked for the Northrop Corporation (now Northrop Grumman) until 1990 when he entered NASA as a researcher. At NASA he has had positions as a researcher and project manager leading research and development of aeronautics technology and science projects. In 2016, he spent a year in Japan as a Mansfield Fellow during which time he lived in Tokyo and worked at MEXT, JAXA and other government offices responsible for aeronautics and space policy in Japan. He returned to NASA in 2017 and has recently taken an assignment as the Deputy Chief Engineer in NASA' s Aeronautics Research Mission Directorate in Washington D.C. He has had a lifelong passion for aviation and history, with a particular interest in the pacific air war of WWII.


# Special Thanks

Tom Bachman
Noboru Kobayashi, Yoji Sakaida

National Museum of the United States Air Force

Imperial Japanese Navy, Interceptor “SHIDEN-KAI” S/N. Kawanishi Naruo 5312

# 局地戦闘機「紫電改」ディテールフォト 川西第 5312 号機


局地戦闘機「紫電改」ディテールフォト　川西第 5312 号機

発行日　2020 年 2 月 28 日　初版　第 1 刷

撮影　マイケル・フレッチャー

解説　吉野泰貴
編集協力　小林昇
装丁　梶川義彦
DTP　小野寺徹

発行人　小川光二
発行所　株式会社 大日本絵画
〒 101-0054
東京都千代田区神田錦町 1 丁目 7 番地
TEL.03-3294-7861（代表）
http://www.kaiga.co.jp

編集人　市村 弘
企画／編集　株式会社アートボックス
〒 101-0054
東京都千代田区神田錦町 1 丁目 7 番地
錦町一丁目ビル 4 階
TEL.03-6820-7000（代表）
http://www.modelkasten.com/

印刷・製本　図書印刷株式会社





ISBN978-4-499-23285-2 C0076

内容に関するお問合わせ先：03（6820）7000 （株）アートボックス
販売に関するお問合わせ先：03（3294）7861 （株）大日本絵画